CAEN,
TYP. F. LE BLANC-HARDEL, IMPRIMEUR-LIBRAIRE,
Rue Froide, 2.

1864.

RECHERCHE D'UNE ORBITE

AU MOYEN D'OBSERVATIONS GÉOCENTRIQUES,

D'APRÈS LE

THEORIA MOTUS CORPORUM CŒLESTIUM

DE GAUSS;

PAR M. CH. GIRAULT,

PROFESSEUR A LA FACULTÉ DES SCIENCES DE CAEN.

CAEN,

TYP. F. LE BLANC-HARDEL, IMPRIMEUR-LIBRAIRE,

RUE FROIDE, 2.

1864.

Extrait des Mémoires de l'Académie impériale des Sciences, Arts et Belles-Lettres de Caen.

RECHERCHE D'UNE ORBITE

AU MOYEN D'OBSERVATIONS GÉOCENTRIQUES,

D'APRÈS LE

THEORIA MOTUS CORPORUM CŒLESTIUM

DE GAUSS.

AVANT-PROPOS.

Les planètes et les comètes, dans leurs mouvements autour du soleil, décrivent des orbites qu'une première approximation permet d'assimiler à des sections coniques. Les lois de ces mouvements, découvertes par Képler, confirmées et généralisées par Newton, fournissent les équations à l'aide desquelles le géomètre peut déduire de l'observation les éléments de tout corps planétaire, pour assigner ensuite à chaque instant sa position dans l'espace.

Grâce à diverses circonstances favorables, les astronomes ont pu d'abord éluder la tâche, fort complexe et fort épineuse, de résoudre ces équations dans toute leur généralité. Ainsi, pour parler d'abord des planètes Mercure, Vénus, Mars, Jupiter et Saturne, leurs moyens mouvements déterminés par les Anciens avec tant d'exactitude, et les observations si précieuses de Tycho-Brahé, ne laissèrent en quelque sorte à Képler et à ses successeurs que le soin de tracer à ces astres, avec une correction plus grande, des routes déjà connues dans leur ensemble. — Les mêmes ressources n'existaient pas pour les comètes. Toutefois ces dernières, lorsqu'elles présentent des retours périodiques, permettent par cela même de calculer le grand axe de leur ellipse ; et lorsqu'au contraire elles s'éloignent sans retour sur des orbes paraboliques, on peut dire qu'elles ont décrit des ellipses dont le grand axe est infini. Dans les deux cas, un élément de l'orbite, le grand axe, est donc connu, ce qui facilite le calcul des autres. — La découverte d'Uranus, en 1781, ramena le même problème sous une forme nouvelle, mais dans des conditions assez favorables encore, parce que l'orbite diffère peu d'un cercle, parce que son plan forme avec celui de l'écliptique un angle assez petit, parce qu'enfin l'observateur peut en quelque sorte choisir à son gré l'instant de l'observation.

Mais, au moment où le XIXe siècle s'ouvre, voilà que Piazzi découvre la planète Cérès. Sous ses yeux, elle parcourt à peine trois degrés de la sphère céleste, du 1er janvier au 11 février 1801 ; puis elle échappe aux regards, et après plus de sept mois les astronomes la cherchent encore, faute d'avoir su tirer des premières observations de Piazzi une indication suffisante de la route qu'elle a dû suivre. La science ainsi se trouve impérieusement mise en demeure de résoudre le problème suivant, qu'elle avait écarté jusque-là comme inextricable : *Déterminer les éléments de l'orbite d'un corps céleste, au moyen d'observations faites dans un court intervalle de temps, et sans rien préjuger sur la nature de cette orbite, ellipse, hyperbole ou parabole.*

C'est alors qu'en Allemagne un géomètre illustre, dont le nom devait grandir encore, Gauss, interrompt d'autres travaux commencés, rassemble les données numériques de ce problème dont la solution générale l'avait préoccupé déjà, et, s'y appliquant sans relâche, ne tarde pas à désigner le point du ciel où l'on devait, à la première nuit sereine, retrouver effectivement Cérès. Trois autres planètes découvertes quelque temps après, Pallas en 1802, Junon en 1804, Vesta en 1807, fournirent à Gauss de nouvelles occasions de vérifier la bonté de ses méthodes; si bien qu'en 1809, après les avoir encore perfectionnées et généralisées, il les publia en un livre justement célèbre, intitulé : *Theoria motus corporum cœlestium in sectionibus conicis solem ambientium.*

Ces méthodes, d'ailleurs, ne sont pas les seules dont aujourd'hui l'astronomie fasse usage. D'autres, plus particulièrement fondées sur l'emploi des séries, s'appliquent avec avantage au calcul des mouvements des planètes et des comètes : en sorte que la détermination d'une orbite est une question devenue maintenant familière. Et, en vérité, il importe qu'il en soit ainsi, puisque chaque jour d'habiles investigations vont saisir dans le ciel tant d'astres divers, qui, circulant tous autour du soleil, ne prennent d'individualité bien distincte qu'après fixation des valeurs de leurs éléments.

Les considérations qui précèdent suffiront peut-être pour faire comprendre toute l'importance qui s'attache à l'œuvre de Gauss, œuvre d'ailleurs trop peu connue en France, ce qui tient moins sans doute à la langue dans laquelle est écrit le *Theoria motus corporum cœlestium*, qu'au formidable échafaudage de formules et de calculs qui en éloignent le simple curieux. Nous avons donc pensé qu'il pourrait être utile d'en exposer ici les traits principaux, non sans doute pour répondre aux besoins de cette laborieuse élite des astronomes calculateurs, qui à bon droit préféreront toujours recourir à l'original; mais pour en faire saisir l'ensemble à tout lecteur initié aux mathématiques et désintéressé dans le calcul numérique des orbites.

Placé à ce point de vue, nous avons écarté de notre travail toute application numérique, et tout appareil algébrique n'ayant pour objet que de rendre les formules plus aisément calculables. — Nous avons omis toute question secondaire, quelle qu'en fût l'importance au point de vue de la théorie ou de l'application. — Entre les différentes solutions données par l'auteur à propos d'une même question, nous avons sans scrupule fait un choix, afin d'abréger le travail. — Nous ne nous sommes astreint ni à épuiser les différents cas particuliers qu'une même discussion peut offrir, ni à résoudre les équations qui fournissent les inconnues. — Enfin, pour tout dire en un mot, nous n'avons entrepris de traiter qu'un simple problème d'analyse, réduit à ses termes les plus généraux, et qui, dans ces conditions, présentera encore des développements assez étendus, des considérations assez délicates, et même un assez puissant intérêt, si toutefois nous avons réussi à le conserver dans une rédaction qui nous est propre.

PREMIÈRE SECTION.

FORMULES CONCERNANT UNE SEULE POSITION DE L'ASTRE DANS L'ORBITE.

1. Si l'on assimile à de simples points matériels les corps qui circulent dans l'espace sous l'influence attractive du soleil, et si l'on néglige leurs actions mutuelles, on peut démontrer que, dans leurs mouvements autour du soleil regardé comme fixe, ils obéissent aux lois fondamentales suivantes :

Première loi. — Le mouvement de chaque corps céleste s'effectue toujours dans un même plan renfermant le centre du soleil ; et la trajectoire décrite est une section conique ayant ce centre pour foyer.

Deuxième loi. — Les aires décrites par le rayon vecteur mené du soleil à l'astre, sont proportionnelles aux temps employés à les décrire : en sorte que le rapport de l'aire au temps demeure invariable.

Troisième loi. — Pour chacun des corps qui circulent autour du soleil, le carré de ce rapport est directement proportionnel au paramètre de l'orbite et à la masse du soleil augmentée de celle du mobile.

Désignant donc par $2p$ le paramètre de l'orbite, par μ la masse du mobile (celle du soleil étant 1), par $\frac{1}{2}g$ l'aire que décrit, dans le temps t, le rayon vecteur issu du soleil, on a, pour tous les corps célestes, même valeur de l'expression $\frac{g}{t\sqrt{p}\sqrt{1+\mu}}$. On représentera par k cette valeur, que l'on peut calculer à l'aide du mouvement de l'un quelconque des corps, de la terre par exemple, en prenant pour unité de longueur sa moyenne distance au soleil, et pour unité de temps le jour solaire moyen.

2. L'équation générale de la section conique décrite par le corps céleste autour du soleil, peut être mise sous la forme

$$(1) \qquad r = \frac{p}{1 + e \cos v},$$

où r est le *rayon vecteur* (essentiellement positif), v l'angle du rayon vecteur avec la *ligne des apsides*, p le *demi-paramètre*, e l'*excentricité*, moindre que l'unité, égale ou plus grande, selon que la courbe est une *ellipse*, une *parabole* ou une *hyperbole*.

Si v est nul, r a sa valeur minimum, égale à $\frac{p}{1+e}$, et l'on obtient sur l'orbite le point *périhélie*.

Dans le cas de l'ellipse, r possède en outre un maximum, égal à $\frac{p}{1-e}$, et répondant à la valeur π de v, laquelle donne le point *aphélie*.

Dans le cas de la *parabole*, comme dans celui de l'*hyperbole*, r croît jusqu'à l'infini, et il n'existe point d'aphélie.

L'angle v constitue l'*anomalie vraie*.

3. D'après la définition de k donnée précédemment, on a la formule $g = kt\sqrt{p}\sqrt{1+\mu}$, où l'on supposera le temps t compté à partir de l'époque du passage au périhélie, et par suite l'aire $\frac{1}{2}g$ nulle au moment de ce passage.

Cette aire ayant pour expression $\frac{1}{2}\int r^2\,dv$, on peut poser encore

$$(2) \qquad \int r^2\,dv = kt\sqrt{p}\sqrt{1+\mu},$$

où l'intégrale, qui s'annule avec v, est une fonction dépendante de la nature de l'orbite, ellipse, parabole ou hyperbole.

4. *Cas d'une orbite elliptique, ou de* e < 1.

On effectuera l'intégration en substituant à l'anomalie vraie v, une variable auxiliaire E, dite *anomalie excentrique*, nulle avec v et liée à v par la relation

$$(3) \qquad \operatorname{tg}\frac{v}{2} = \sqrt{\frac{1+e}{1-e}}\operatorname{tg}\frac{\text{E}}{2}.$$

On aura successivement :

$$(4) \quad \left\{ \begin{array}{l} \cos v = \dfrac{\cos \text{E} - e}{1 - e\cos \text{E}}, \quad r = \dfrac{p}{1-e^2}(1 - e\cos \text{E}), \\ \displaystyle\int r^2\,dv = \dfrac{p^2}{(1-e^2)^{\frac{3}{2}}}(\text{E} - e\sin \text{E}). \end{array} \right.$$

Si l'on porte le dernier résultat dans la relation (2), il viendra la formule

$$(5) \qquad \text{E} - e\sin \text{E} = \text{M},$$

où l'on pose

$$(6)\ (7) \quad \left\{ \text{M} = \frac{kt\sqrt{1+\mu}}{a^{\frac{3}{2}}}, \text{ avec } a = \frac{p}{1-e^2}, \right.$$

en représentant par a le *demi-grand axe* de l'ellipse ou la *moyenne distance*.

On donne à M le nom d'*anomalie moyenne* ou de *moyen mouvement*. La vitesse du moyen mouvement est égale au multiplicateur de t dans M. On appelle *astre moyen* un astre fictif qui tourne uniformément autour du soleil dans le plan de l'*astre vrai*, et dont le rayon vecteur forme, à chaque instant, l'angle M avec la ligne périhélie.

5. L'excès v—M de l'anomalie vraie sur l'anomalie moyenne constitue l'*équation du centre*. Cet excès s'annule au périhélie et à l'aphélie, comme le prouvent les formules (3) et (5), en vertu desquelles les quantités v, E, M, parties simultanément de la valeur *zéro*, prennent simultanément les valeurs π, 2π, 3π... On dit encore que l'astre vrai et l'astre moyen passent simultanément au périhélie, aussi bien qu'à l'aphélie.

Le temps T d'une révolution, ou le *temps périodique*, s'obtient en divisant 2π par la vitesse du moyen mouvement, ou par $\frac{k\sqrt{1+\mu}}{a^{\frac{3}{2}}}$. On en conclut la relation

$$\frac{T^2}{a^3} = \frac{4\pi^2}{k^2(1+\mu)}, \tag{8}$$

où μ varie d'un corps à l'autre, k restant constant. On voit par là que, si les masses μ sont négligeables devant celle du soleil prise pour unité, les carrés des temps périodiques sont proportionnels aux cubes des moyennes distances.

6. Si, sur le cercle concentrique à l'ellipse et de rayon a, on considère le point qui a même projection que le mobile sur le grand axe, et si l'on joint le centre à ce point, la droite ainsi menée forme précisément l'angle E avec celle qui va du centre au périhélie : c'est ce que l'on déduit des formules (1) et (7) rapprochées de la seconde formule (4).

7. Supposons que la figure de l'orbite soit connue, et que l'on donne v ou r; la formule (5) pourra servir à calculer M à l'aide de E, qui s'obtient de la relation (3) ou de la seconde relation (4). M étant une fois trouvé, la formule (6) donnera t.

Le problème inverse, ou *problème de Képler*, a pour objet de déterminer en fonction du temps t, ou, ce qui équivaut, en fonction de l'anomalie moyenne M, l'anomalie vraie v et le rayon vecteur r. La formule (3) et la seconde formule (4) donnent ces deux dernières quantités exprimées en fonction de l'anomalie excentrique E. Il reste donc à calculer la valeur de E en fonction de M. Elle est donnée par l'équation (5), qui en fournit le développement suivant les puissances croissantes de l'excentricité e; mais, dans la pratique, il est généralement plus simple de résoudre l'équation (5) au moyen d'approximations successives, en partant d'une première valeur approchée de E. Pour cette première valeur, on peut, à défaut de toute autre, prendre M, et cela d'autant mieux que e est plus petit.

8. Dans le calcul de v et de r en fonction de E, on substitue avantageusement à la formle (3) et à la seconde formule (4), les relations

$$(9)\left\{\sqrt{r}\sin\frac{v}{2}=\sin\frac{\text{E}}{2}\sqrt{a(1+e)},\quad \sqrt{r}\cos\frac{v}{2}=\cos\frac{\text{E}}{2}\sqrt{a(1-e)},\right.$$

qui s'en déduisent après changement de $\frac{p}{1-e^2}$ en a, et où les seconds membres ont bien les signes qui leur conviennent, les arcs $\frac{v}{2}$ et $\frac{\mathrm{E}}{2}$ se terminant toujours dans le même quadrant.

9. *Cas d'une orbite parabolique, ou de* $e=1$.

Il faut, dans la formule (2), substituer $r=\frac{p}{1+\cos v}=\frac{p}{2\cos^2\frac{v}{2}}$. On obtient alors, en changeant v en v,

$$(10)\qquad \int\frac{p^2\,d\,\mathrm{v}}{4\cos^4\frac{\mathrm{v}}{2}}=k\,t\sqrt{p}\sqrt{1+\mu},$$

ou, en effectuant l'intégration et simplifiant,

$$(11)\qquad \operatorname{tg}\frac{\mathrm{v}}{2}+\frac{1}{3}\operatorname{tg}^3\frac{\mathrm{v}}{2}=\frac{2\,k\,t\sqrt{1+\mu}}{p^{\frac{3}{2}}}.$$

De cette équation on tire à volonté v en fonction de t, ou t en fonction de v, selon que t est donné ou v.

D'ailleurs, pour la résoudre plus rapidement, il y a avantage à se servir d'une table calculée d'avance et renfermant les valeurs du premier membre, qui répondent à des valeurs de v croissantes de o à π.

10. *Cas d'une orbite hyperbolique, ou de* $e>1$.

On substitue à l'anomalie v une variable auxiliaire H, nulle avec v, liée à v par la relation

$$(12)\qquad \operatorname{tg}\frac{v}{2}=\sqrt{\frac{e+1}{e-1}}\operatorname{tg}\frac{\mathrm{H}}{2},$$

et qu'il suffit de faire varier de $-\frac{\pi}{2}$ à $+\frac{\pi}{2}$ pour obtenir toutes les valeurs de v. On a

$$(13)\quad \left\{ \begin{aligned} &\cos v = \frac{e\cos \text{H} - 1}{e - \cos \text{H}}, \quad r = \frac{p}{e^2 - 1}\,\frac{e - \cos \text{H}}{\cos \text{H}}, \\ &\int r^2 dv = \frac{p^2}{(e^2-1)^{\frac{3}{2}}}\left[e \operatorname{tg} \text{H} - \log \operatorname{tg}\left(\frac{\pi}{4} + \frac{\text{H}}{2}\right)\right]. \end{aligned} \right.$$

On porte le dernier résultat dans la relation (2); il vient la formule

$$(14)\qquad e \operatorname{tg} \text{H} - \log \operatorname{tg}\left(\frac{\pi}{4} + \frac{\text{H}}{2}\right) = \text{M},$$

où l'on pose

$$(15)\ (16)\qquad \left\{ \text{M} = \frac{kt\sqrt{1+\mu}}{a^{\frac{3}{2}}}, \text{ avec } a = \frac{p}{e^2 - 1}, \right.$$

en représentant par a le *demi-axe transverse* de l'hyperbole.

11. Supposons que la figure de l'orbite soit connue, et que l'on donne v ou r; on déduira H de la formule (12) ou de la seconde formule (13); on substituera dans la formule (14) pour avoir M; la formule (15) donnera ensuite t.

Si le temps t est donné, et qu'il s'agisse d'obtenir r et v, on commence par calculer M; on résout ensuite l'équation (14) par rapport à H, au moyen d'approximations successives; on substitue enfin la valeur trouvée de H, dans la relation (12) et dans la seconde relation (13).

12. D'ailleurs, on peut, au lieu de H, faire choix d'une autre variable auxiliaire z, déterminée par la condition

$$(17) \left\{ \operatorname{tg}\frac{H}{2}=\frac{z-1}{z+1}, \text{ qui donne } z=\operatorname{tg}\left(\frac{\pi}{4}+\frac{H}{2}\right), \right.$$

et montre que z est essentiellement positif.

On a alors, en vertu des formules du numéro **10**,

$$(18) \left\{ \begin{array}{l} e\dfrac{z^2-1}{2z}-\log z=\dfrac{kt\sqrt{1+\mu}}{a^{\frac{3}{2}}}, \operatorname{tg}\dfrac{v}{2}=\sqrt{\dfrac{e+1}{e-1}}\dfrac{z-1}{z+1}, \\ r\sin v=a\sqrt{e^2-1}\dfrac{z^2-1}{2z}. \end{array} \right.$$

Ces trois relations déterminent successivement z, v, r. Les deux dernières, combinées convenablement, donnent les suivantes :

$$(19) \left\{ \begin{array}{l} \sqrt{r}\sin\dfrac{v}{2}=\dfrac{1}{2}\left(\sqrt{z}-\dfrac{1}{\sqrt{z}}\right)\sqrt{a(e+1)}, \\ \sqrt{r}\cos\dfrac{v}{2}=\dfrac{1}{2}\left(\sqrt{z}+\dfrac{1}{\sqrt{z}}\right)\sqrt{a(e-1)}, \end{array} \right.$$

où il est bon de remarquer que les seconds membres ont bien les signes qui leur conviennent, puisque, l'angle v n'atteignant jamais π en valeur absolue, $\cos\frac{v}{2}$ est toujours positif, tandis que $\sin\frac{v}{2}$ est positif ou négatif avec H positif ou négatif, c'est-à-dire avec z plus grand ou plus petit que 1.

13. Dans le cas où e, différent de 1, s'en écarte très-peu, c'est-à-dire dans le cas où l'orbite, elliptique ou hyperbolique, se rapproche beaucoup d'une parabole, les formules (5) et (14) se prêtent mal à l'emploi des tables, du moins dans le voisinage du périhélie, parce que, vu la petitesse de E ou de H, la différence qui constitue le premier membre de l'une ou de l'autre formule est une fraction très-petite de chacun des deux termes, lesquels doivent être par conséquent calculés avec un nombre de figures supérieur à celui dont on a besoin dans la différence. Mais alors on peut, comme on va le voir, recourir à d'autres relations d'un usage plus commode.

L'astre considéré ayant μ pour masse, e et p pour excentricité et demi-paramètre de son orbite, on a, en vertu des formules (1) et (2), l'égalité $p^{\frac{3}{2}}\int\frac{dv}{(1+e\cos v)^2}=kt\sqrt{1+\mu}$, qui lie le temps t à l'anomalie v.

Soit maintenant un astre fictif de même masse μ, décrivant une parabole, ayant même point périhélie que l'astre donné, et y passant en même temps. Le demi-paramètre de l'orbite fictive est alors $\frac{2p}{1+e}$; et, si v représente l'anomalie de l'astre fictif au temps t, on a $\left(\frac{2p}{1+e}\right)^{\frac{3}{2}}\int\frac{d\mathrm{v}}{(1+\cos \mathrm{v})^2}=kt\sqrt{1+\mu}$.

Ces deux égalités, rapprochées l'une de l'autre, donnent la relation $\left(\frac{1+e}{2}\right)^{\frac{3}{2}}\int\frac{dv}{(1+e\cos v)^2}=\int\frac{d\mathrm{v}}{(1+\cos \mathrm{v})^2}$, où v et v s'annulent en même temps, et en même temps les intégrales. On sait calculer le second membre. Pour calculer le premier, on représentera $\frac{1-e}{1+e}$ par α, $\operatorname{tg}\frac{v}{2}$ par θ, et l'on développera le multiplicateur de $d\theta$ sous le signe *intégrale*, suivant les puissances croissantes de $\alpha\theta^2$ supposé moindre que l'unité. On ramènera ainsi la relation précédente à la forme

$$(20) \quad \sqrt{1+\alpha}\left[\theta+\frac{1}{3}\theta^3(1-2\alpha)-\ldots\right]=\operatorname{tg}\frac{\mathrm{v}}{2}+\frac{1}{3}\operatorname{tg}^3\frac{\mathrm{v}}{2},$$

et l'on en pourra déduire à volonté v fonction de v, ou v fonction de v, en série ordonnée suivant les puissances croissantes de α, et où n'entre d'ailleurs ni p ni μ. Or, on connaît la formule qui lie le temps à l'anomalie vraie dans le cas d'un mouvement parabolique : c'est la formule (11), où il faudra, pour le cas qui nous occupe, changer p en $(1+\alpha)p$. On saura donc, en prenant v pour variable auxiliaire, calculer v au moyen de t, ou t au moyen de v, pour toute orbite peu différente d'une parabole, et pour toute position de l'astre assez voisine du périhélie.

DEUXIÈME SECTION.

FORMULES CONCERNANT UNE SEULE POSITION DE L'ASTRE DANS L'ESPACE.

14. Les formules de la section précédente fournissent, pour une époque quelconque, la position de l'astre sur son orbite. On pourra déterminer ensuite sa position dans l'espace, si l'on connaît la situation du plan de son orbite, et, dans ce plan, la situation de la ligne des apsides.

On rapporte le *plan de l'orbite* au *plan de l'écliptique*, en déterminant la trace du premier sur le second et l'angle qu'ils forment entr'eux. Si l'on conçoit une

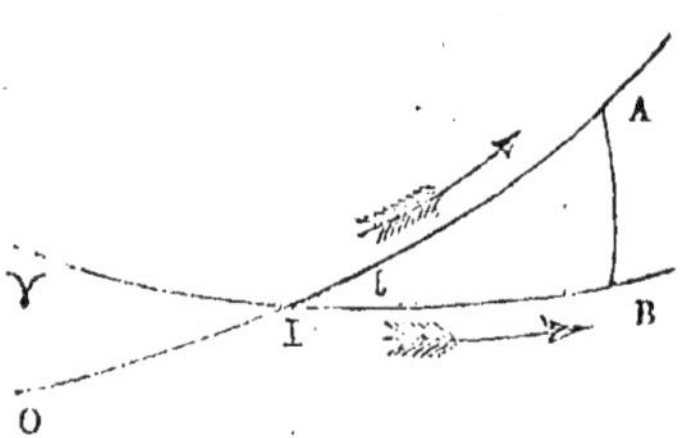

sphère de rayon arbitraire, ayant son centre au soleil, le plan de l'écliptique y détermine un grand cercle ♈IB qui la divise en deux hémisphères, l'un austral, l'autre boréal; le plan de l'orbite y détermine un autre grand cercle OIA coupant le premier suivant un diamètre dont les extrémités sont les *nœuds* de l'orbite. Celui que l'astre, vu du soleil, traverse en passant de l'hémisphère austral dans l'hémisphère boréal, est le *nœud ascendant:* c'est ici I; l'autre est le *nœud descendant*. Soit Ω la longitude du premier, comptée à partir du point équinoxial de printemps ♈, dans le sens du mouvement de la terre autour du soleil, et comprise de 0 à 2π; soit i *l'inclinaison de l'orbite*, ou l'angle des deux grands cercles, ayant son sommet au point I et ses côtés de même sens que les mouvements de la terre et de l'astre; cet angle i est compris de 0 à π. Les valeurs de Ω et de i déterminent la position du plan de l'orbite; la position de la ligne des apsides est donnée par la distance angulaire du nœud ascendant au point périhélie vu du soleil, distance comptée dans le sens du mouvement de l'astre, et comprise de 0 à 2π.

15. Le lieu de l'astre sur son orbite et le lieu de l'orbite dans l'espace une fois connus, on peut calculer la *longitude* ♈B de l'astre et sa *latitude* AB, qui déterminent la projection A sur la sphère, de l'astre vu du soleil. On considère encore, en outre de ces deux coordonnées, la *longitude* OA de l'astre *dans l'orbite,* qui se compte sur le grand cercle de l'orbite, dans le sens du mouvement de l'astre, et à partir d'un point O choisi de manière à se confondre avec l'équinoxe ♈, si l'angle i se réduit à zéro.

16. *Éléments du mouvement de l'astre.* — Les quantités qu'il faut connaître pour assigner, à chaque instant, la position dans l'espace, de l'astre qui décrit sa section conique, sont : 1° la longitude du nœud ascendant de l'orbite ; 2° l'inclinaison de l'orbite ; 3° la longitude du périhélie dans l'orbite ; 4° le demi-paramètre ; 5° l'excentricité ; 6° l'époque du passage au périhélie ; 7° la masse de l'astre rapportée à celle du soleil.

On donne à ces quantités le nom d'*éléments du mouvement de l'astre.* Dans ce qui va suivre, nous supposerons que l'on connaît leurs valeurs.

17. *Coordonnées polaires héliocentriques de l'astre.*— On a déterminé, dans la première section, le rayon vecteur r. Il reste à obtenir la longitude et la latitude.

Soit posé ♈B$=\lambda$, AB$=\beta$, IA$=u$. L'angle u, appelé l'*argument de la latitude,* est égal à l'anomalie vraie augmentée de la longitude du périhélie dans l'orbite et diminuée de la longitude du nœud ascendant ; cet angle u est donc une fonction connue du temps, en vertu des formules de la première section.

On déterminera les coordonnées λ et β en fonction de u, au moyen de deux des relations

$$(21)\quad \left\{ \begin{array}{l} \operatorname{tg}(\lambda-\Omega)=\cos i \operatorname{tg} u, \ \operatorname{tg}\beta=\operatorname{tg} i \sin(\lambda-\Omega), \\ \sin\beta=\sin i \sin u, \ \cos u=\cos\beta\cos(\lambda-\Omega), \end{array} \right.$$

que fournit le triangle sphérique rectangle AIB, ou par des combinaisons convenables de ces relations.

18. *Coordonnées rectangulaires héliocentriques de l'astre.* — Soient x, y, z les coordonnées de l'astre rapportées à trois axes rectangulaires issus du soleil, dont les deux premiers, SX et SY, situés dans le plan de l'écliptique, ont pour longitudes respectives N et $\frac{\pi}{2}+\text{N}$, dont le troisième, SZ, est situé dans l'hémisphère boréal. On établit aisément les formules

$$(22)\quad \left\{ \begin{array}{l} x=r\cos\beta\cos(\lambda-\text{N}), \\ y=r\cos\beta\sin(\lambda-\text{N}), \\ z=r\sin\beta, \end{array} \right.$$

où N est quelconque.

Y remplaçant $\lambda-\text{N}$ par $(\lambda-\Omega)-(\text{N}-\Omega)$, développant le sinus et le cosinus de cette dernière différence, et recourant aux relations (21), on exprime en fonction du u les trois coordonnées, de la manière suivante :

$$(23)\quad \left\{ \begin{array}{l} x=r\,[\cos(\text{N}-\Omega)\cos u+\cos i\sin(\text{N}-\Omega)\sin u], \\ y=r\,[-\sin(\text{N}-\Omega)\cos u+\cos i\cos(\text{N}-\Omega)\sin u], \\ z=r\ \sin i\sin u. \end{array} \right.$$

Si l'on suppose $N = \Omega$, ces formules se simplifient et deviennent

$$(24) \quad x = r \cos u, \quad y = r \cos i \sin u, \quad z = r \sin i \sin u.$$

19. *Coordonnées héliocentriques de la terre.* — Considérant le mouvement vrai de la terre autour du soleil (mouvement qui s'effectue en dehors du plan de l'écliptique), appelons R le rayon vecteur mené du soleil à la terre, L et B la longitude et la latitude de la terre, X, Y et Z ses coordonnées rapportées aux mêmes axes que l'astre et dans l'hypothèse de N arbitraire ; nous aurons, au lieu des formules (22), les suivantes :

$$(25) \quad \begin{cases} X = R \cos B \cos (L - N), \\ Y = R \cos B \sin (L - N), \\ Z = R \sin B. \end{cases}$$

20. *Coordonnées géocentriques de l'astre.* — Si l'on mène une droite de la terre à l'astre, et par le soleil une parallèle à cette droite, elle va rencontrer la sphère en un point dont la longitude l et la latitude b constituent, avec la distance Δ de la terre à l'astre, les coordonnées géocentriques de l'astre. Les projections du rayon vecteur Δ sur les axes SX, SY, SZ déjà considérés, sont évidemment $x - X$, $y - Y$, $z - Z$; d'ailleurs, ces projections peuvent s'exprimer au moyen de Δ, l et b, comme celles de r au moyen de r, λ et β. On a donc les égalités

$$(26) \quad \begin{cases} x - X = \Delta \cos b \cos (l - N), \\ y - Y = \Delta \cos b \sin (l - N), \\ z - Z = \Delta \sin b, \end{cases}$$

qui donnent, après rapprochement des systèmes (22) et (25),

$$(27)\begin{cases}\Delta\cos b\cos(l-\text{N})=r\cos\beta\cos(\lambda-\text{N})-\text{R}\cos\text{B}\cos(\text{L}-\text{N}),\\ \Delta\cos b\sin(l-\text{N})=r\cos\beta\sin(\lambda-\text{N})-\text{R}\cos\text{B}\sin(\text{L}-\text{N}),\\ \Delta\sin b\qquad\qquad=r\sin\beta\qquad\qquad-\text{R}\sin\text{B}.\end{cases}$$

De ces relations, où l'on peut assigner à N une valeur quelconque, *zéro* par exemple, on déduira les coordonnées géocentriques de l'astre en fonction des coordonnées héliocentriques, supposées connues, de l'astre et de la terre.

Si, dans l'hypothèse de $\text{N}=\Omega$, on rapproche les systèmes (24), (25) et (26), on obtient le nouveau système

$$(28)\begin{cases}\Delta\cos b\cos(l-\Omega)=r\cos u\qquad\quad-\text{R}\cos\text{B}\cos(\text{L}-\Omega),\\ \Delta\cos b\sin(l-\Omega)=r\sin u\cos i-\text{R}\cos\text{B}\sin(\text{L}-\Omega),\\ \Delta\sin b\qquad\qquad=r\sin u\sin i-\text{R}\sin\text{B},\end{cases}$$

équivalent du système (27), mais où figurent, au lieu des coordonnées λ et β, les quantités u et i dont elles dépendent.

21. *Transformation de coordonnées polaires géocentriques.* — Considérons une seconde sphère ayant son centre à la terre; ou mieux, n'en considérons qu'une seule d'un rayon infini, et ayant indifféremment son centre au soleil ou à la terre, en quelque lieu que celle-ci se transporte : ce sera la *sphère céleste*. Traçons sur cette sphère de centre T, le grand cercle BE de l'écliptique, puis le grand cercle CF de l'équateur, qui coupe le premier au point ♈ et forme avec lui l'angle aigu ε; projetons en A, sur la sphère, l'astre vu de la terre T ; construisons sa longitude $\Upsilon B = l$, et sa latitude $AB = b$, son ascension droite $\Upsilon C = Æ$, et

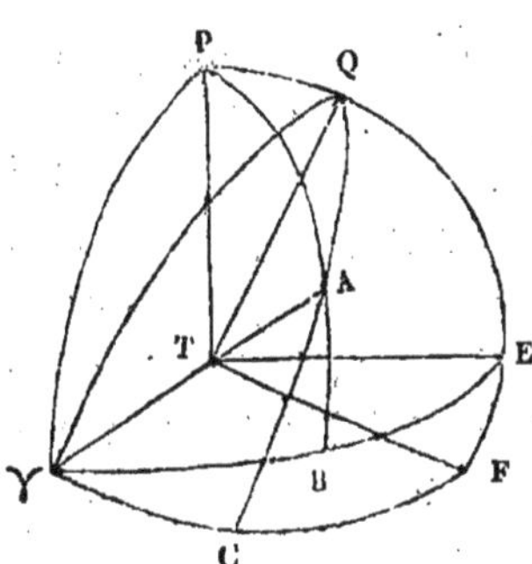

sa déclinaison $AC = D$. Il importe d'exprimer ces deux dernières coordonnées en fonction des deux précédentes et de l'angle ε.

On peut, pour cela, considérer sur la sphère le triangle qui a pour sommets le point A, le pôle boréal P de l'écliptique et le pôle boréal Q de l'équateur. Ce triangle APQ, où l'on a

$$PQ = \varepsilon,\ AP = \frac{\pi}{2} - b,\ AQ = \frac{\pi}{2} - D,\ P = \frac{\pi}{2} - l,\ Q = \frac{\pi}{2} + Æ,$$

fournit les trois relations, réductibles à deux,

$$(29)\ \begin{cases} \cos D \cos Æ = \cos b \cos l, \\ \cos D \sin Æ = \cos b \sin l \cos \varepsilon - \sin b \sin \varepsilon, \\ \sin D \qquad\quad = \cos b \sin l \sin \varepsilon + \sin b \cos \varepsilon, \end{cases}$$

d'où l'on tire aisément Æ et D, connaissant l et b, et qui donneraient de même l et b, si Æ et D étaient connus.

22. *Corrections de parallaxe portant sur la longitude*

et sur la latitude. — On a supposé, jusqu'à présent, la terre réduite à son centre, et c'est pour ce centre que sont données les coordonnées R, L et B. Supposons maintenant l'observateur placé en un point O de la surface du globe; à un certain instant, le zénith de ce point a pour longitude et pour latitude célestes géocentriques L′ et B′; le rayon terrestre est R′; on veut, à cet instant, déterminer, pour l'astre vu du point O, la longitude l_0, la latitude b_0 et le rayon vecteur Δ_0, connaissant les valeurs de l, b et Δ pour l'astre vu du centre de la terre.

De même que les formules (27), où nous ferons $N = 0$, déterminent en grandeur et en direction la droite qui va du centre de la terre à l'astre, si l'on connaît en grandeur et en direction les droites menées du soleil à l'astre et au centre de la terre; de même, connaissant en grandeur et en direction les droites qui vont du centre de la terre à l'astre et au point O, on obtiendra en grandeur et en direction la droite qui va du point O à l'astre, au moyen des formules

$$(30)\quad \left\{\begin{array}{l} \Delta_0 \cos b_0 \cos l_0 = \Delta \cos b \cos l - R' \cos B' \cos L', \\ \Delta_0 \cos b_0 \sin l_0 = \Delta \cos b \sin l - R' \cos B' \sin L', \\ \Delta_0 \sin b_0 \qquad\quad\; = \Delta \sin b \qquad\quad - R' \sin B', \end{array}\right.$$

d'où, vu la petitesse de R′ devant Δ, on pourra tirer sous forme simple des valeurs approchées de $\Delta_0 - \Delta$, et des quantités $l_0 - l$ et $b_0 - b$, qui sont les *parallaxes de longitude et de latitude.*

23. *Corrections de parallaxe portant sur l'ascension droite et sur la déclinaison.* — Les valeurs de l_0 et b_0 une fois obtenues au moyen du système (30), on les substitue pour l et b dans le système (29), qui donne alors pour Æ et D des valeurs $Æ_0$ et D_0 corrigées de la parallaxe. Mais, si le zénith du point O est donné sur la sphère céleste, non par les valeurs de L′ et B′, mais par l'ascension droite Æ′ et la déclinaison D′ (d'où se déduisent aisément L′ et B′), il est plus direct et plus simple de recourir au système

$$(31)\begin{cases}\Delta_0 \cos D_0 \cos Æ_0 = \Delta \cos D \cos Æ - R' \cos D' \cos Æ', \\ \Delta_0 \cos D_0 \sin Æ_0 = \Delta \cos D \sin Æ - R' \cos D' \sin Æ', \\ \Delta_0 \sin D_0 \qquad\qquad = \Delta \sin D \qquad\qquad - R' \sin D',\end{cases}$$

analogue du système (30), et qui fournit, en même temps que $\Delta_0 - \Delta$, les *parallaxes d'ascension droite et de déclinaison* $Æ_0 - Æ$ et $D_0 - D$, au moyen de Æ, D et Δ supposés connus.

24. Résumant ce qui précède, on voit comment, u et r étant donnés, Δ, l et b sont fournis par le système (28); Δ, Æ et D par les systèmes (28) et (29); Δ_0, l_0 et b_0 par les systèmes (28) et (30); Δ_0, $Æ_0$ et D_0 par les systèmes (28), (29) et (31).

Réciproquement, pour calculer les valeurs de u et r, si l et b sont donnés, on emploiera le système (28); si Æ et D, les systèmes (28) et (29); si l_0 et b_0, les systèmes (28) et (30); si enfin $Æ_0$ et D_0, les systèmes (28), (29) et (31). En même temps, d'ailleurs, se trouveront déterminées les valeurs des rayons vecteurs Δ et Δ_0, si ces éléments figurent dans les systèmes employés.

25. *Déterminer la trace, sur l'écliptique, de la droite menée de l'astre au lieu de l'observateur.* — On vient de voir que les systèmes (28) et (30) peuvent servir à déterminer les coordonnées héliocentriques u et r au moyen des coordonnées l_0 et b_0, qui se rapportent au lieu O de l'observateur. Ces systèmes fournissent d'ailleurs en même temps Δ, Δ_0, l et b, et par conséquent les différences $l - l_0$, $b - b_0$, qui réduisent au centre T de la terre les observations de longitude et de latitude. Cette réduction, toutefois, ne peut s'effectuer que si l'on connaît les éléments i et Ω qui

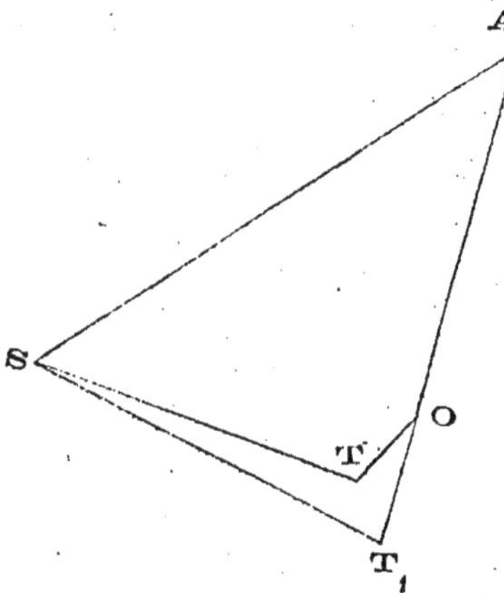

figurent dans le système (28); elle n'est donc pas applicable à un astre A dont l'orbite serait tout-à-fait inconnue. Mais alors, il peut y avoir avantage à effectuer une autre réduction, et à prendre pour origine de coordonnées le point T_1 où la droite AO va rencontrer le plan de l'écliptique. Soient R_1 la distance de ce point au soleil S, et L_1 sa longitude héliocentrique; sa latitude est nulle; soit δ sa distance au point O; sa distance à l'astre est alors $\Delta_0 + \delta$; et cet astre, vu du point T_1, a l_0 pour longitude et b_0 pour latitude, comme s'il était vu du point O. Pour déterminer R_1, L_1 et δ, on considère les deux contours STO et ST$_1$O ; on les projette successivement sur trois axes rectangulaires issus du soleil, dont le premier passant par le point ♈, et le dernier par le pôle de l'écliptique ; on égale leurs projections deux à deux, et l'on obtient les relations

$$\begin{aligned}
R_1 \cos L_1 + \delta \cos b_0 \cos l_0 &= R \cos B \cos L + R' \cos B' \cos L',\\
R_1 \sin L_1 + \delta \cos b_0 \sin l_0 &= R \cos B \sin L + R' \cos B' \sin L',\\
\delta \sin b_0 &= R \sin B + R' \sin B',
\end{aligned}$$

d'où l'on tire les valeurs de R_1, L_1 et δ, en profitant, pour simplifier le calcul, de la petitesse des quantités B, R' et $L_1 - L$.

TROISIÈME SECTION.

FORMULES CONCERNANT PLUSIEURS POSITIONS DE L'ASTRE DANS L'ORBITE.

26. Il s'agit maintenant de donner à l'astre plusieurs positions successives dans son orbite, et d'établir des formules propres à déterminer, au moyen de ces positions, les éléments du mouvement.

Avant tout, remarquons les identités

$$(32)\left\{\begin{aligned}
o &= \sin u \sin(u'' - u')\\
&+ \sin u' \sin(u - u'')\\
&+ \sin u'' \sin(u' - u),
\end{aligned}\right.\quad\left|\quad\begin{aligned}
o &= \cos u \sin(u'' - u')\\
&+ \cos u' \sin(u - u'')\\
&+ \cos u'' \sin(u' - u),
\end{aligned}\right.$$

$$(33)\left\{\begin{aligned}
o &= \sin(u - \Pi)\sin(u'' - u')\\
&+ \sin(u' - \Pi)\sin(u - u'')\\
&+ \sin(u'' - \Pi)\sin(u' - u)
\end{aligned}\right.\quad\left|\quad\begin{aligned}
o &= \cos(u - \Pi)\sin(u'' - u')\\
&+ \cos(u' - \Pi)\sin(u - u'')\\
&+ \cos(u'' - \Pi)\sin(u' - u),
\end{aligned}\right.$$

dont les deux premières se vérifient directement, et dont les deux autres découlent des premières.

27. Soient donnés maintenant trois rayons vecteurs par leurs longueurs r, r', r'', et par les angles u, u', u'' qu'ils forment avec la ligne du nœud ascendant; soit Π l'angle que forme avec cette droite le rayon vecteur périhélie; on a les relations connues

$$(34)\quad \left\{\begin{aligned} \frac{p}{r} &= 1 + e\cos(u - \Pi), \\ \frac{p}{r'} &= 1 + e\cos(u' - \Pi), \\ \frac{p}{r''} &= 1 + e\cos(u'' - \Pi). \end{aligned}\right.$$

On en déduit la formule

$$(35)\quad p = \frac{r r' r'' [\sin(u'' - u') + \sin(u - u'') + \sin(u' - u)]}{r' r'' \sin(u'' - u') + r'' r \sin(u - u'') + r r' \sin(u' - u)},$$

en ayant recours à la seconde identité (33).

28. Connaissant deux positions (r', u') et (r'', u'') de l'astre et l'un des trois éléments p, e, Π, on calculera les deux autres éléments à l'aide de deux des formules (34); puis, si l'on connaît la masse, on aura recours aux formules de la première section pour déterminer le temps t' que l'astre emploie à venir de la position périhélie à la position (r', u'), et le temps T qu'il met à passer de la position (r', u') à la position (r'', u'').

Réciproquement, si les deux positions, la masse et le temps T sont donnés, on en pourra déduire les quatre éléments p, e, Π et $-t'$, dont le dernier exprime l'époque du passage de l'astre au périhélie, quand on prend pour origine du temps le moment de la première observation.

Pour déterminer ces éléments p, e, Π et $-t'$, supposés inconnus, on négligera, dans ce qui va suivre, la masse μ toujours très-petite, et l'on considérera successivement l'orbite comme elliptique, parabolique et hyperbolique.

29. *Mouvement sur une ellipse.* — Appelant E' et E'' les valeurs de l'anomalie excentrique qui répondent à la première et à la seconde position de l'astre, on tire des formules (5) et (6) les relations

$$(36)\quad \left\{ E' - e\sin E' = \frac{kt'}{a^{\frac{3}{2}}},\quad E'' - e\sin E'' = \frac{k(t'+T)}{a^{\frac{3}{2}}}, \right.$$

auxquelles on adjoint les suivantes, fournies par les formules (9),

$$(37)\quad \left\{ \begin{aligned} \sqrt{r'}\sin\frac{u'-\Pi}{2} &= \sqrt{a(1+e)}\sin\frac{E'}{2},\\ \sqrt{r'}\cos\frac{u'-\Pi}{2} &= \sqrt{a(1-e)}\cos\frac{E'}{2},\\ \sqrt{r''}\sin\frac{u''-\Pi}{2} &= \sqrt{a(1+e)}\sin\frac{E''}{2},\\ \sqrt{r''}\cos\frac{u''-\Pi}{2} &= \sqrt{a(1-e)}\cos\frac{E''}{2}. \end{aligned} \right.$$

Les systèmes (36) et (37) vont servir à déterminer les inconnues auxiliaires E' et E'', et les éléments a, e, Π, t', au moyen de r', r'', u', u'' et T supposés connus.

30. Soit posé

$$(38)\quad \begin{cases} u'' - u' = 2f, & u'' + u' - 2\Pi = 2F, \\ E'' - E' = 2g, & E'' + E' = 2G. \end{cases}$$

On peut, aux inconnues E', E'', Π, substituer les nouvelles inconnues auxiliaires g, G, F. D'ailleurs, f est connu.

Combinant par voie d'addition et de soustraction les équations (37) convenablement multipliées deux à deux, on obtient les formules

$$(39)\quad \begin{cases} \sqrt{r'r''}\sin f = a\sqrt{1-e^2}\sin g, \\ \sqrt{r'r''}\sin F = a\sqrt{1-e^2}\sin G, \\ \sqrt{r'r''}\cos f = a[\cos g - e\cos G], \\ \sqrt{r'r''}\cos F = a[\cos G - e\cos g]. \end{cases}$$

Combinant par voie d'addition et de soustraction les équations (37) élevées au carré, on a les deux autres formules

$$(40)\quad \begin{cases} r'' + r' = 2a[1 - e\cos G\cos g], \\ r'' - r' = 2ae\sin G\sin g. \end{cases}$$

Combinant par voie d'addition les mêmes équations (37) convenablement divisées deux à deux, il vient encore

$$(41)\quad \begin{cases} \sqrt{\dfrac{r'}{r''}}\,\dfrac{\sin F}{\sin(F+f)} = \dfrac{\sin G}{\sin(G+g)}, \\ \sqrt{\dfrac{r''}{r'}}\,\dfrac{\sin F}{\sin(F-f)} = \dfrac{\sin G}{\sin(G-g)}. \end{cases}$$

Retranchant membre à membre les deux équations (36), on a d'autre part

$$(42) \qquad 2g - 2e \cos G \sin g = \frac{kT}{a^{\frac{3}{2}}}.$$

31. La troisième équation (39), la première équation (40) et l'équation (42) renferment les seules inconnues g, a et $e \cos G$, et elles les déterminent. Elles donnent, en effet,

$$(43) \quad \begin{cases} \dfrac{2g - \sin 2g}{\sin^3 g} + \dfrac{4\sqrt{r'r''}\cos f}{U} = \dfrac{2^{\frac{3}{2}}kT}{U^{\frac{3}{2}}}, \\ a = \dfrac{U}{2\sin^2 g}, \\ e \cos G = \dfrac{(r'' + r')\cos g - 2\sqrt{r'r''}\cos f}{U}, \end{cases}$$

en posant, pour abréger l'écriture,

$$U = r'' + r' - 2\sqrt{r'r''}\cos f \cos g.$$

La première équation (43) fournit l'inconnue g; on faciliterait sa résolution à l'aide d'une table, construite à l'avance, des valeurs de $\dfrac{2g - \sin 2g}{\sin^3 g}$ qui répondent à toutes valeurs de g. Cette équation, d'ailleurs, telle qu'elle est écrite, s'obtient en supposant $\sin g$ positif, ce qui, à cause de la première formule (39), a lieu si $\sin f$ l'est lui-même, ou si $u'' - u'$ est compris de o à 2π, c'est-à-dire si les deux positions de l'astre appartiennent à la même révolution. Une fois g obtenu, la deuxième formule (43) donne a; et la troisième, $e \cos G$. Comme, d'une autre part, la seconde formule (40) donne, après substitution de la valeur de a,

$$e \sin \mathrm{G} = \frac{(r'' - r') \sin g}{\mathrm{U}}, \tag{44}$$

on conclut aisément de là e et G.

Connaissant a et e, on en déduit p, par la formule (7); connaissant g et G, on en déduit E' et E'', à l'aide des deux dernières formules (38); connaissant a, e et E', on calcule t', par la première formule (36).

32. On peut d'ailleurs obtenir directement p au moyen de la première formule (39) rapprochée de la formule (7); ce qui donne, en vertu de la valeur de a fonction de g,

$$p = \frac{2r' r'' \sin^2 f}{\mathrm{U}}. \tag{45}$$

33. Il ne reste plus qu'à connaître F, afin de déterminer H par la deuxième formule (38). Or, on peut calculer F à l'aide des formules (41), qui, renversées et développées, donnent, après élimination de G,

$$\operatorname{tg} \mathrm{F} = \frac{(r'' - r') \sin f \cos f}{(r'' + r') \sin^2 f - \mathrm{U}}. \tag{46}$$

Cette formule détermine F, pourvu que l'on connaisse le signe de son sinus. D'ailleurs, la seconde formule (39) montre que ce signe est le même que celui de $\sin \mathrm{G}$, et la seconde formule (40), qu'il est celui de $r'' - r'$, $\sin g$ étant positif.

34. *Mouvement parabolique.* — Les positions (r', u')

et (r'', u'') étant données, ainsi que le temps τ que l'astre emploie à passer de la première à la seconde, il s'agit de déterminer le paramètre $2p$ de l'orbite, l'angle Π du périhélie avec la ligne du nœud, et l'époque $-t'$ du passage au périhélie.

D'après ce qui a été vu au numéro **9**, on a les quatre relations

$$(47)\quad \left\{ \sqrt{\frac{p}{2r'}} = \cos\frac{u'-\Pi}{2},\quad \sqrt{\frac{p}{2r''}} = \cos\frac{u''-\Pi}{2}, \right.$$

$$(48)\quad \left\{ \begin{aligned} &\operatorname{tg}\frac{u'-\Pi}{2} + \frac{1}{3}\operatorname{tg}^3\frac{u'-\Pi}{2} = \frac{2kt'}{p^{\frac{3}{2}}},\\ &\operatorname{tg}\frac{u''-\Pi}{2} + \frac{1}{3}\operatorname{tg}^3\frac{u''-\Pi}{2} = \frac{2k(t'+\tau)}{p^{\frac{3}{2}}}. \end{aligned} \right.$$

Les deux dernières donnent, par soustraction,

$$\left\{1+\operatorname{tg}\frac{u''-\Pi}{2}\operatorname{tg}\frac{u'-\Pi}{2}+\frac{1}{3}\left(\operatorname{tg}\frac{u''-\Pi}{2}-\operatorname{tg}\frac{u'-\Pi}{2}\right)^2\right\} \times\left(\operatorname{tg}\frac{u''-\Pi}{2}-\operatorname{tg}\frac{u'-\Pi}{2}\right)=\frac{2k\tau}{p^{\frac{3}{2}}},$$

puis, en transformant, posant $u''-u'=2f$, et simplifiant en vertu des deux premières,

$$(49)\quad \frac{2\,r'r''\sin f\cos f}{\sqrt{p}} + \frac{4\,(r'r'')^{\frac{3}{2}}\sin^3 f}{3p^{\frac{3}{2}}} = k\tau.$$

Les formules (47) donnent, selon qu'on élimine Π ou p, l'une ou l'autre des relations

$$(50)\qquad p=\frac{2r'r''\sin^2 f}{r''+r'-2\sqrt{r'r''}\cos f},$$

$$(51)\qquad \operatorname{tg}\frac{1}{2}\left(\frac{u''+u'}{2}-\Pi\right)=\frac{\sqrt{r''}-\sqrt{r'}}{\sqrt{r''}+\sqrt{r'}}\operatorname{cotg}\frac{1}{2}f.$$

35. La condition (50) détermine p; la condition (51) fournit sans ambiguïté Π. La valeur de Π, substituée dans la première formule (48), donne ensuite t'.

Si on élimine p entre les relations (49) et (50), on obtient l'équation de condition

$$(52)\qquad \frac{4}{3}+\frac{4\sqrt{r'r''}\cos f}{r''+r'-2\sqrt{r'r''}\cos f}=\frac{2^{\frac{3}{2}}k\tau}{\left\{r''+r'-2\sqrt{r'r''}\cos f\right\}^{\frac{3}{2}}},$$

qui caractérise toute orbite parabolique.

Cette équation n'est autre que la première équation (43) obtenue précédemment, et dans laquelle on introduirait l'hypothèse $g=o$. Ainsi, les méthodes exposées pour le cas où l'orbite est une ellipse, renferment celui d'une orbite parabolique : en sorte que, si, résolvant par rapport à g la première équation (43), on trouve pour g la valeur *zéro*, on peut affirmer que l'orbite est une parabole ; alors, en effet, la seconde équation (43) donne pour a une valeur infinie, la formule (45) devient identique avec la formule (50), et la formule (46) équivaut à la formule (51).

36. *Mouvement sur une hyperbole.* — Si, reprenant la première formule (18), on y change d'abord t en t', et z en z', pour l'appliquer au premier passage de l'astre, ensuite t en $t'+\text{T}$, et z en z'', pour l'appliquer au second, on obtient les équations

$$(53)\quad \left\{\begin{aligned} &\frac{1}{2}e\left(z'-\frac{1}{z'}\right)-\log z'=\frac{kt'}{a^{\frac{3}{2}}},\\ &\frac{1}{2}e\left(z''-\frac{1}{z''}\right)-\log z''=\frac{k(t'+\text{T})}{a^{\frac{3}{2}}}.\end{aligned}\right.$$

De même, les formules (19) donneront les suivantes :

$$(54)\quad \left\{\begin{aligned} &\sqrt{r'}\sin\frac{u'-\Pi}{2}=\frac{1}{2}\left(\sqrt{z'}-\frac{1}{\sqrt{z'}}\right)\sqrt{a(e+1)},\\ &\sqrt{r'}\cos\frac{u'-\Pi}{2}=\frac{1}{2}\left(\sqrt{z'}+\frac{1}{\sqrt{z'}}\right)\sqrt{a(e-1)},\\ &\sqrt{r''}\sin\frac{u''-\Pi}{2}=\frac{1}{2}\left(\sqrt{z''}-\frac{1}{\sqrt{z''}}\right)\sqrt{a(e+1)},\\ &\sqrt{r''}\cos\frac{u''-\Pi}{2}=\frac{1}{2}\left(\sqrt{z''}+\frac{1}{\sqrt{z''}}\right)\sqrt{a(e-1)}.\end{aligned}\right.$$

Les systèmes (53) et (54) serviront à déterminer les inconnues auxiliaires z' et z'', et les éléments a, e, Π, t', au moyen des données r', r'', u', u'' et T.

37. On va poser

$$(55)\quad \left\{\begin{aligned} &u''-u'=2f,\ u''+u'-2\Pi=2\text{F},\\ &\sqrt{\frac{z''}{z'}}=c,\ \sqrt{z'z''}=\text{C},\end{aligned}\right.$$

et substituer aux inconnues z', z'', Π les nouvelles inconnues auxiliaires c, C, F, en remarquant que f est connu, et que, u'' étant plus grand que u', c est plus grand que 1 (Voir le numéro **12**).

Combinant par voie d'addition et de soustraction les équations (54) convenablement multipliées deux à deux, on a

$$(56)\quad \begin{cases} \sqrt{r'r''}\sin f = \frac{1}{2}a\left(c-\frac{1}{c}\right)\sqrt{e^2-1}, \\ \sqrt{r'r''}\sin F = \frac{1}{2}a\left(C-\frac{1}{C}\right)\sqrt{e^2-1}, \\ \sqrt{r'r''}\cos f = \frac{1}{2}a\left[e\left(C+\frac{1}{C}\right)-\left(c+\frac{1}{c}\right)\right], \\ \sqrt{r'r''}\cos F = \frac{1}{2}a\left[e\left(c+\frac{1}{c}\right)-\left(C+\frac{1}{C}\right)\right]. \end{cases}$$

Combinant par voie d'addition et de soustraction les équations (54) élevées au carré, on obtient encore

$$(57)\quad \begin{cases} r''+r' = \frac{1}{2}a\left[e\left(C+\frac{1}{C}\right)\left(c+\frac{1}{c}\right)-4\right], \\ r''-r' = \frac{1}{2}ae\left(C-\frac{1}{C}\right)\left(c-\frac{1}{c}\right). \end{cases}$$

Combinant, enfin, par voie d'addition les mêmes équations convenablement divisées deux à deux, il vient

$$(58)\quad \begin{cases} \sqrt{\frac{r'}{r''}}\,\frac{\sin F}{\sin(F+f)} = \frac{C-\frac{1}{C}}{Cc-\frac{1}{Cc}}, \\ \sqrt{\frac{r''}{r'}}\,\frac{\sin F}{\sin(F-f)} = \frac{C-\frac{1}{C}}{\frac{C}{c}-\frac{c}{C}}. \end{cases}$$

D'une autre part, on obtient, en retranchant membre à membre les deux équations (53),

$$(59)\qquad \frac{1}{2}e\left(c+\frac{1}{c}\right)\left(c-\frac{1}{c}\right)-2\log c=\frac{k\tau}{a^{\frac{3}{2}}}.$$

38. La troisième équation (56), la première équation (57) et l'équation (59) renferment les seules inconnues c, a et $\frac{1}{2}e\left(c+\frac{1}{c}\right)$, et elles les déterminent. Elles donnent, en effet,

$$(60)\quad\left\{\begin{aligned}&\frac{\frac{1}{2}\left(c^2-\frac{1}{c^2}\right)-2\log c}{\left[\frac{1}{2}\left(c-\frac{1}{c}\right)\right]^3}+\frac{4\sqrt{r'r''}\cos f}{\mathrm{u}}=\frac{2^{\frac{3}{2}}k\tau}{\mathrm{u}^{\frac{3}{2}}},\\ &a=\frac{\mathrm{u}}{\frac{1}{2}\left(c-\frac{1}{c}\right)^2},\\ &\frac{1}{2}e\left(c+\frac{1}{c}\right)=\frac{\frac{1}{2}\left(c+\frac{1}{c}\right)\left(r''-r'\right)-2\sqrt{r'r''}\cos f}{\mathrm{u}},\end{aligned}\right.$$

en posant, pour abréger l'écriture,

$$\mathrm{u}=r''+r'-\left(c+\frac{1}{c}\right)\sqrt{r'r''}\cos f.$$

La première équation (60) fournit c; on facilite sa résolution, en construisant à l'avance une table des valeurs du premier terme de son premier membre, qui répondent à toutes valeurs de c plus grandes que 1. La seconde équation (60) donne ensuite a; et la troisième, $\frac{1}{2}e\left(c+\frac{1}{c}\right)$. D'ailleurs, la seconde formule (57) donne, après substitution de la valeur de a,

$$(61)\qquad \frac{1}{2}e\left(\mathrm{c}-\frac{1}{\mathrm{c}}\right)=\frac{\frac{1}{2}\left(c-\frac{1}{c}\right)(r''-r')}{\mathrm{U}}.$$

De la troisième équation (60) rapprochée de l'équation (61), on déduit aisément $e\mathrm{c}$ et $\frac{e}{\mathrm{c}}$, puis e et c.

Connaissant a et c, on calcule p au moyen de la formule (16); connaissant c et c, on calcule z' et z'' au moyen des deux dernières formules (55); connaissant a, e et z', on calcule t' par la première formule (53).

39. Si l'on veut obtenir directement p, on rapproche la première formule (56) de la formule (16), ce qui donne, après substitution de la valeur de a fonction de c,

$$(62)\qquad p=\frac{2r'r''\sin^2 f}{\mathrm{U}}.$$

40. Il reste enfin à obtenir F, afin de calculer Π par la seconde formule (55). Pour cela, on renverse les équations (58); on les ajoute; on simplifie, ce qui élimine c; on résout par rapport à $\operatorname{cotg}\mathrm{F}$, et l'on en conclut la formule

$$(63)\qquad \operatorname{tg}\mathrm{F}=\frac{(r''-r')\sin f\cos f}{(r''+r')\sin^2 f-\mathrm{U}},$$

qui peut servir à déterminer F, si l'on connaît le signe de $\sin\mathrm{F}$. Or, la seconde formule (56) montre que ce signe est le même que celui de $\mathrm{c}-\frac{1}{\mathrm{c}}$, ou le même que celui de $r''-r'$, en vertu de la seconde formule (57), dans laquelle c est plus grand que 1.

41. Si l'on trouve pour solution de la première équation (60) la valeur 1 de c, a devient alors infini : ce qui indique une orbite parabolique. On voit, en effet, que, si l'on fait c égal à 1 dans la première équation (60), on obtient l'équation (52) elle-même ; en même temps la valeur de p de la formule (62) devient identique avec celle de la formule (50), et la formule (63) équivaut à la formule (51). Ainsi, les formules du mouvement hyperbolique renferment le cas particulier où l'orbite est une parabole.

Elles renferment aussi le cas d'une orbite elliptique ; il répond à une valeur imaginaire de c satisfaisant à la première équation (60) ; car si, dans cette équation, on fait $c = \cos g + \sqrt{-1} \sin g$, on retombe sur la première équation (43).

Écartant, au reste, toute considération d'imaginaires, on peut, si les deux positions de l'astre ne sont pas trop distantes l'une de l'autre, faire dépendre d'une seule et même équation la détermination de l'orbite, sans qu'il soit nécessaire de savoir d'avance si cette orbite est une ellipse, une parabole ou une hyperbole. On procède pour cela de la manière suivante.

42. *Mouvement sur une orbite quelconque.* — On considère d'abord la première équation (43), qui convient au cas de l'ellipse, et l'on pose

$$\mathrm{x} = \frac{2g - \sin 2g}{\sin^3 g}, \quad \xi = \sin^2 \frac{g}{2},$$

en remarquant que x devient égal à $\frac{4}{3}$ quand ξ s'annule.

On déduit de ces deux relations, par la dérivation,

$$3x \cos g + \frac{dx}{dg} \sin g = 4, \quad \frac{d\xi}{dg} = \frac{1}{2} \sin g,$$

puis, comme on l'aperçoit aisément,

$$(64) \qquad 2\xi (1 - \xi) \frac{dx}{d\xi} = 4 - 3 (1 - 2\xi) x.$$

Si la valeur de ξ est assez petite, à cause de la petitesse même de f, qui entraîne celle de g, cette équation, intégrée par la méthode des coefficients indéterminés, fournit, sous forme d'une série rapidement convergente, le développement de x suivant les puissances croissantes de ξ. Soit, sans effectuer le calcul, $x = \frac{4}{3} + A\xi + B\xi^2 + \text{etc.}$

La première équation (43), où l'on substitue à g sa valeur en ξ, peut s'écrire alors

$$(65) \quad \left\{ \begin{aligned} & \frac{4}{3} + A\xi + B\xi^2 + \ldots + \frac{4\sqrt{r'r''}\cos f}{r'' + r' - 2(1-2\xi)\sqrt{r'r''}\cos f} \\ & = \frac{2^{\frac{3}{2}} k\tau}{\left[r'' + r' - 2(1-2\xi)\sqrt{r'r''}\cos f\right]^{\frac{3}{2}}}. \end{aligned} \right.$$

13. On considère ensuite la première équation (60), qui convient au cas de l'hyperbole, et l'on pose

$$Y = \frac{\frac{1}{2}\left(c^2 - \frac{1}{c^2}\right) - 2 \log c}{\left[\frac{1}{2}\left(c - \frac{1}{c}\right)\right]^3}, \quad \eta = \frac{1}{4}\left(\sqrt{c} - \frac{1}{\sqrt{c}}\right)^2,$$

en remarquant que, pour η égal à zéro, Y devient

égal à $\frac{4}{3}$. De ces deux équations, on déduit l'équation différentielle

$$(66) \qquad 2\eta\,(1+\eta)\,\frac{d\text{Y}}{d\eta} = 4 - 3\,(1+2\eta)\,\text{Y},$$

laquelle, si η est assez petit, vu le peu de grandeur de f, fournit, sous forme d'une série très-convergente, le développement de Y suivant les puissances croissantes de η. Le rapprochement des deux équations (64) et (66) montre, d'ailleurs, que Y peut se déduire de X par le simple changement de ξ en $-\eta$: en sorte que l'on a $\text{Y} = \frac{4}{3} - \text{A}\eta + \text{B}\eta^2 - \text{etc.}$

Si donc on substitue à c sa valeur en η dans la première équation (60), cette équation devient

$$(67) \quad \left\{ \begin{aligned} &\frac{4}{3} - \text{A}\eta + \text{B}\eta^2 - \ldots + \frac{4\sqrt{r'r''}\cos f}{r''+r'-2\,(1+2\eta)\sqrt{r'r''}\cos f} \\ &= \frac{2^{\frac{3}{2}}k\text{T}}{\left[r''+r'-2\,(1+2\eta)\sqrt{r'r''}\cos f\right]^{\frac{3}{2}}}, \end{aligned} \right.$$

et ne diffère ainsi de l'équation (65) qu'en ce que ξ y est remplacé par $-\eta$.

11. Si donc on pose, pour abréger,

$$(68) \qquad \text{U} = r'' + r' - 2\,(1-2\zeta)\sqrt{r'r''}\cos f,$$

et que l'on résolve par rapport à ζ l'équation

$$(69) \quad \frac{4}{3} + \text{A}\zeta + \text{B}\zeta^2 + \ldots + \frac{4\sqrt{r'r''}\cos f}{\text{U}} = \frac{2^{\frac{3}{2}}k\text{T}}{\text{U}^{\frac{3}{2}}},$$

une valeur positive de ζ indiquera que l'orbite est une ellipse; une valeur négative indiquera que c'est une hyperbole ; une valeur nulle, enfin, fournira l'équation de condition (52) caractéristique de la parabole.

Si ζ n'est pas nul et qu'il s'agisse de l'ellipse, on déterminera g par la condition $\zeta = \sin^2\frac{g}{2}$; s'il s'agit de l'hyperbole, on déterminera c par la relation $-\zeta = \frac{1}{4}\left(\sqrt{c} - \frac{1}{\sqrt{c}}\right)^2$; et, quel que soit ζ, nul ou non, on pourra ainsi, pour obtenir les éléments, recourir aux formules propres à chacune des trois courbes.

D'ailleurs, que l'orbite soit elliptique, hyperbolique ou parabolique, les valeurs des éléments p, e, F dépendent des seules formules.

$$(70)\quad \left\{ \begin{array}{l} p = \dfrac{2r'r''\sin^2 f}{\text{U}}, \quad e = \sqrt{1 - \dfrac{16\zeta(1-\zeta)r'r''\sin^2 f}{\text{U}^2}}, \\ \operatorname{tg} \text{F} = \dfrac{(r''-r')\sin f\cos f}{(r''+r')\sin^2 f - \text{U}}. \end{array} \right.$$

C'est ce qu'on aperçoit aisément en rapprochant les relations données plus haut pour calculer p, a et F dans chaque hypothèse, et en déduisant d'ailleurs l'excentricité de la formule (7) pour l'ellipse, de la formule (16) pour l'hyperbole.

QUATRIÈME SECTION.

FORMULES CONCERNANT PLUSIEURS POSITIONS DE L'ASTRE DANS L'ESPACE.

45. On ne va considérer ici que des relations indépendantes de la figure de l'orbite, cette orbite toutefois étant supposée plane, et son plan renfermant le centre du soleil.

Si deux positions de l'astre sont données par leurs longitudes et par leurs latitudes héliocentriques, respectivement égales à λ, λ' et à β, β', on déterminera l'inclinaison i du plan de l'orbite, et la longitude Ω du nœud ascendant, par les formules

$$\operatorname{tg}\beta = \operatorname{tg} i \sin(\lambda - \Omega),\quad \operatorname{tg}\beta' = \operatorname{tg} i \sin(\lambda' - \Omega),$$

qui donnent

$$(71)\quad \left\{ \begin{aligned} &\operatorname{tg}\left(\frac{\lambda' + \lambda}{2} - \Omega\right) = \frac{\sin(\beta' + \beta)\operatorname{tg}\dfrac{\lambda' - \lambda}{2}}{\sin(\beta' - \beta)}, \\ &\operatorname{tg} i = \frac{\operatorname{tg}\beta}{\sin(\lambda - \Omega)} = \frac{\operatorname{tg}\beta'}{\sin(\lambda' - \Omega)}. \end{aligned} \right.$$

La première équation (71) détermine Ω; la seconde donne ensuite i. La première, toutefois, fournissant l'angle $\dfrac{\lambda' + \lambda}{2} - \Omega$ par sa tangente, laisse incertain si Ω est compris de o à π ou de π à 2π : ce qui entraîne l'ambiguité du signe de $\operatorname{tg} i$ dans la seconde. Mais ce signe est connu *a priori*; car, l'angle i, positif et moindre que π, doit être aigu si la longitude croît, et obtus si elle décroît. La connaissance du signe de tg i achèvera donc de déterminer l'angle Ω.

Les valeurs de i et Ω une fois obtenues, on déterminera les arguments u et u' des latitudes au moyen des formules

$$(72) \quad \left\{ \operatorname{tg} u = \frac{\operatorname{tg}(\lambda - \Omega)}{\cos i}, \quad \operatorname{tg} u' = \frac{\operatorname{tg}(\lambda' - \Omega)}{\cos i}, \right.$$

en ayant soin de remarquer que l'argument est compris de o à π quand la latitude est boréale, et de π à 2π quand elle est australe.

46. On donne trois positions de l'astre dans son plan, par les rayons vecteurs r, r', r'' issus du soleil, et par les arguments u, u', u'' des latitudes; on donne en outre les positions correspondantes de la terre dans l'espace, par les longitudes héliocentriques L, L', L'', les latitudes héliocentriques B, B', B'', et les rayons vecteurs D, D', D'' menés du soleil à la terre et projetés à l'écliptique; on donne enfin les trois positions apparentes de l'astre vu de la terre, par les longitudes géocentriques l, l', l'', et les latitudes géocentriques b, b', b''; on veut trouver des formules indépendantes de i et Ω, et propres à déterminer les distances d, d', d'' de la terre à l'astre, projetées à l'écliptique.

On rapproche pour cela les formules (23), (25) et (26); on y fait $\mathrm{N} = 0$, $\mathrm{R} \cos \mathrm{B} = \mathrm{D}$, $\Delta \cos b = d$; et l'on obtient les relations

$$(73) \quad \left\{ \begin{aligned} r[\cos u \cos \Omega - \sin u \sin \Omega \cos i] &= d \cos l + \mathrm{D} \cos \mathrm{L}, \\ r[\cos u \sin \Omega + \sin u \cos \Omega \cos i] &= d \sin l + \mathrm{D} \sin \mathrm{L}, \\ r \sin u \sin i &= d \operatorname{tg} b + \mathrm{D} \operatorname{tg} \mathrm{B}. \end{aligned} \right.$$

Étendons la première aux trois positions considérées de l'astre ; elle donnera

$$
\begin{aligned}
r\ [\cos u \cos \Omega - \sin u \sin \Omega \cos i] &= d \cos l + \mathrm{D} \cos \mathrm{L},\\
r'\ [\cos u' \cos \Omega - \sin u' \sin \Omega \cos i] &= d' \cos l' + \mathrm{D}' \cos \mathrm{L}',\\
r''[\cos u'' \cos \Omega - \sin u'' \sin \Omega \cos i] &= d'' \cos l'' + \mathrm{D}'' \cos \mathrm{L}''.
\end{aligned}
$$

Ajoutons ces trois égalités multipliées respectivement par les quantités n, n', n'' que définissent les formules

$$
(74)\quad \left\{
\begin{aligned}
n &= r' r'' \sin (u'' - u'),\\
n' &= r'' r \sin (u - u''),\\
n'' &= r r' \sin (u' - u)\ ;
\end{aligned}
\right.
$$

et simplifions le résultat en invoquant les formules (32). Procédons de même en partant de la seconde relation (73), puis de la troisième. Il viendra

$$
(75)\quad \left\{
\begin{aligned}
&n[d \cos l + \mathrm{D} \cos \mathrm{L}] + n'[d' \cos l' + \mathrm{D}' \cos \mathrm{L}'] + n''[d'' \cos l'' + \mathrm{D}'' \cos \mathrm{L}''] = o,\\
&n[d \sin l + \mathrm{D} \sin \mathrm{L}] + n'[d' \sin l' + \mathrm{D}' \sin \mathrm{L}'] + n''[d'' \sin l'' + \mathrm{D}'' \sin \mathrm{L}''] = o,\\
&n[d \operatorname{tg} b + \mathrm{D} \operatorname{tg} \mathrm{B}] + n'[d' \operatorname{tg} b' + \mathrm{D}' \operatorname{tg} \mathrm{B}'] + n''[d'' \operatorname{tg} b'' + \mathrm{D}'' \operatorname{tg} \mathrm{B}''] = o.
\end{aligned}
\right.
$$

Les trois équations (75) sont propres à déterminer d, d', d'', tout le reste y étant connu. Elles n'exigent même pas que l'on connaisse les quantités n, n', n'' autrement que par leurs rapports : c'est-à-dire qu'il suffit de connaître les rapports des rayons vecteurs r, r', r'', et les différences des arguments u, u', u''.

Si, entre ces équations, on élimine les rapports de deux des quantités n, n', n'' à la troisième, on obtient entre les projections d, d', d'', et par suite entre les distances Δ, Δ', Δ'' de la terre à l'astre, une relation indépendante des coordonnées héliocentriques r, r',

r'', u, u', u'', laquelle exprime que le plan des trois positions de l'astre renferme le soleil.

17. La recherche des valeurs de d, d', d'' qui résolvent les équations (75), conduit à considérer des expressions telles que

$$\operatorname{tg}\beta \sin(\lambda''-\lambda') + \operatorname{tg}\beta' \sin(\lambda-\lambda'') + \operatorname{tg}\beta'' \sin(\lambda'-\lambda),$$

où β, β', β'' représentent trois latitudes, et λ, λ', λ'' les longitudes correspondantes. C'est là une quantité variable avec les trois directions ε, ε', ε'' qui répondent aux trois systèmes de valeurs β, λ; β', λ'; β'', λ''. Nous la représenterons, pour abréger, par la notation $(\varepsilon\, \varepsilon'\, \varepsilon'')$.

La fonction $(\varepsilon\, \varepsilon'\, \varepsilon'')$ change de signe quand on échange entre elles deux directions; elle s'annule quand deux directions sont identiques.

On peut démontrer qu'elle s'annule encore quand les trois directions, issues d'un même point, sont dans un même plan. En effet, si l'on appelle h l'inclinaison de ce plan sur celui de l'écliptique, et k la longitude de l'un de ses nœuds, on a, entre les longitudes et les latitudes données, les relations

$$(76)\quad \left\{ \begin{array}{l} \operatorname{tg}\beta = \operatorname{tg} h \sin(\lambda - k), \\ \operatorname{tg}\beta' = \operatorname{tg} h \sin(\lambda' - k), \\ \operatorname{tg}\beta'' = \operatorname{tg} h \sin(\lambda'' - k), \end{array} \right.$$

d'où l'on déduit la condition

$$(77)\quad \operatorname{tg}\beta \sin(\lambda''-\lambda') + \operatorname{tg}\beta' \sin(\lambda-\lambda'') + \operatorname{tg}\beta'' \sin(\lambda'-\lambda) = 0,$$

en s'appuyant sur la propriété exprimée par la première identité du système (33).

Réciproquement, si la condition (77) est satisfaite, les trois directions sont situées dans un même plan ; car les trois équations (76), qui lient les deux inconnues h et k, sont compatibles.

Si l'on appelle $e, e', e'', \mathrm{E}, \mathrm{E}', \mathrm{E}''$ les directions que déterminent respectivement les longitudes $l, l', l'', \mathrm{L}, \mathrm{L}', \mathrm{L}''$, associées aux latitudes correspondantes $b, b', b'', \mathrm{B}, \mathrm{B}', \mathrm{B}''$, on obtiendra pour $(\varepsilon\, \varepsilon'\, \varepsilon'')^2$ vingt fonctions distinctes, en substituant de toutes les manières possibles trois de ces six directions aux directions $\varepsilon, \varepsilon', \varepsilon''$.

48. Si l'on ajoute les trois équations (75), après les avoir multipliées respectivement par $\sin l' \operatorname{tg} b'' - \sin l'' \operatorname{tg} b'$, $\cos l'' \operatorname{tg} b' - \cos l' \operatorname{tg} b''$, $\sin (l'' - l')$, on trouve pour multiplicateurs respectifs des quantités $nd, n\mathrm{D}, n'd', n'\mathrm{D}', n''d'', n''\mathrm{D}''$, les six fonctions $(e\, e'\, e'')$, $(\mathrm{E}\, e'\, e'')$, $(e'\, e'\, e'')$, $(\mathrm{E}'\, e'\, e'')$, $(e''\, e'\, e'')$, $(\mathrm{E}''\, e'\, e'')$, dont la troisième et la cinquième sont identiquement nulles : ce qui donne, pour équation résultante, la première relation du système

$$(78)\begin{cases} o = n[d(ee'e'') + \mathrm{D}(\mathrm{E}e'e'')] + n'\mathrm{D}'(\mathrm{E}'e'e'') + n''\mathrm{D}''(\mathrm{E}''e'e''), \\ o = n\mathrm{D}(e\mathrm{E}e'') + n'[d'(ee'e'') + \mathrm{D}'(e\mathrm{E}'e'')] + n''\mathrm{D}''(e\mathrm{E}''e''), \\ o = n\mathrm{D}(ee'\mathrm{E}) + n'\mathrm{D}'(ee'\mathrm{E}') + n''[d''(ee'e'') + \mathrm{D}''(ee'\mathrm{E}'')]. \end{cases}$$

Les deux autres relations se déduisent de la première en intervertissant les accents *zéro* et *prime* pour la seconde, les accents *zéro* et *seconde* pour la troisième, et en changeant le signe de chaque terme.

Les équations (78) déterminent séparément d, d', d'' : ce qui suppose toutefois que $(e\, e'\, e'')$ n'est pas nul, ou que les trois directions e, e', e'' ne sont pas parallèles à un même plan.

CINQUIÈME SECTION.

RECHERCHE DE L'ORBITE AU MOYEN DE TROIS OBSERVATIONS GÉOCENTRIQUES COMPLÈTES.

49. A trois époques distinctes τ, τ', τ'', pour lesquelles la terre occupe dans l'espace les positions connues T, T', T'', rapportées au soleil S, on observe l'astre dans les positions successives A, A', A''.

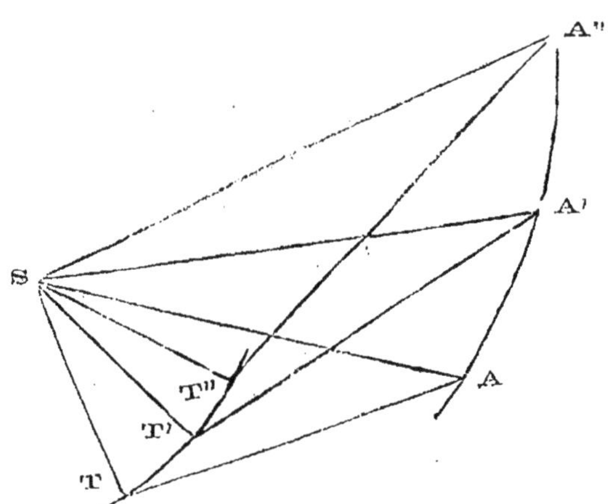

L'observation donne, pour ces trois époques, les latitudes géocentriques b, b', b'', et les longitudes géocentriques l, l', l'' de l'astre ; c'est-à-dire qu'elle fait connaître les directions des droites TA, T'A', T''A'' issues de la terre, et sur lesquelles l'astre se trouve.

Il est facile de démontrer, à l'aide des considérations suivantes, que, si l'on connaît le facteur k défini au commencement de la première section, on a tout ce qu'il faut pour déterminer la position du plan de l'orbite, et par suite pour obtenir l'orbite elle-même, en supposant d'ailleurs la masse μ négligeable.

Que l'on mène, en effet, par le point S, tel plan que l'on voudra, incliné d'un angle i à l'écliptique, ayant Ω pour longitude du nœud, et rencontrant en A, A', A'' les droites issues des points T, T', T''; on pourra toujours, par ces points A, A', A'', faire passer une section conique de foyer S, déterminer, pour cette section, en fonction de i et de Ω, les éléments p, e, F déjà définis, et calculer, en fonction de ces éléments, les aires planes ASA', A'SA'' comprises entre la courbe et les rayons vecteurs successifs SA, SA', SA''. Or, il importe de choisir la direction du plan, de telle sorte que les deux conditions

$$ASA' = \frac{1}{2}k(\tau' - \tau)\sqrt{p}, \quad A'SA'' = \frac{1}{2}k(\tau'' - \tau')\sqrt{p}$$

soient satisfaites; et, comme ces conditions relient les éléments p, e, F, qui sont eux-mêmes fonctions de i et de Ω, elles serviront précisément à calculer i et Ω, et, par suite, à déterminer l'orbite. On peut d'ailleurs, dans ce qui précède, substituer aux inconnues i et Ω, deux des trois distances Δ, Δ', Δ'' de la terre à l'astre, la troisième étant liée aux deux autres de la manière indiquée à la fin du numéro **46**.

50. On sait que les coordonnées géocentriques l et b de l'astre ne sont pas fournies immédiatement par l'observation, mais qu'elles se déduisent de l'ascension droite Æ et de la déclinaison D, à l'aide du système (29).

La position de la terre à l'époque τ est déterminée par les valeurs des trois coordonnées héliocentriques R, L, B définies au numéro **19**, et que les éphémérides font connaître.

Toutefois, tandis que les coordonnées R, L, B concernent le centre de la terre, les coordonnées l et b ont pour origine, non pas ce centre, mais bien le lieu de l'observateur. C'est là un inconvénient qu'on peut éviter, en substituant au centre de la terre et au lieu de l'observateur un point unique, lequel, ainsi qu'on l'a vu au numéro **25**, peut être choisi à l'intersection du plan de l'écliptique avec la droite qui va du lieu de l'observateur à l'astre. Si donc nous y trouvons avantage, nous réduirons fictivement la terre à ce point, en modifiant convenablement R et L, remplaçant B par *zéro*, et conservant d'ailleurs l et b tels que le calcul les aura déduits de Æ et D.

Les mêmes choses sont à dire pour ce qui concerne les époques τ' et τ''.

51. On a, au numéro **49**, fait dépendre la détermination de l'orbite de l'astre, de la résolution de deux équations à deux inconnues. Appelons, en général, x et y ces inconnues; mettons les équations sous la forme

$$(79) \quad \varphi(x, y) = o, \; \psi(x, y) = o;$$

et montrons comment on peut les résoudre quand on en possède déjà une première solution approchée, et quand les fonctions φ et ψ, au lieu d'être données explicitement, sont seulement connues par les valeurs numériques que leur font prendre des valeurs numériques données arbitrairement à x et y.

Soit $x=a$, $y=b$ la solution approchée, laquelle, au lieu d'annuler les fonctions φ et ψ, leur fait prendre des valeurs H et K très-petites. Choisissons dans le voisinage du système (a, b) deux autres systèmes quelconques, l'un (a', b') donnant après substitution H' et K' pour valeurs de φ et ψ, l'autre (a'', b'') donnant H'' et K'' : en sorte que l'on ait

$$(80)\quad \begin{cases} \varphi(a, b) = \text{H}, \ \psi(a, b) = \text{K}, \\ \varphi(a', b') = \text{H}', \ \psi(a', b') = \text{K}', \\ \varphi(a'', b'') = \text{H}'', \ \psi(a'', b'') = \text{K}''. \end{cases}$$

Soient, d'une autre part, ξ et η les valeurs de x et y qui résolvent exactement les équations (79). La formule de Taylor donne approximativement, quels que soient x et y, voisins toutefois de ξ et η, les relations

$$\varphi(x, y) = \alpha(x-\xi)+\beta(y-\eta), \quad \psi(x, y) = \gamma(x-\xi)+\delta(y-\eta),$$

où α, β, γ, δ sont des coefficients constants, mais inconnus, puisque φ et ψ ne sont pas donnés explicitement.

Remplaçant x et y dans ces relations, successivement par a et b, a' et b', a'' et b'', et tenant compte en outre des formules (80), on obtiendra le système des six équations

$$(81)\quad \begin{cases} \alpha(a-\xi)+\beta(b-\eta)=\text{H}, \ \gamma(a-\xi)+\delta(b-\eta)=\text{K}, \\ \alpha(a'-\xi)+\beta(b'-\eta)=\text{H}', \ \gamma(a'-\xi)+\delta(b'-\eta)=\text{K}', \\ \alpha(a''-\xi)+\beta(b''-\eta)=\text{H}'', \ \gamma(a''-\xi)+\delta(b''-\eta)=\text{K}'', \end{cases}$$

qui déterminent les six quantités α, β, γ, δ, ξ et η.

On peut, aux quatre dernières équations, substituer les combinaisons

$$(82)\begin{cases}\alpha(a-a')+\beta(b-b')=\text{H}-\text{H}', \; \gamma(a-a')+\delta(b-b')=\text{K}-\text{K}', \\ \alpha(a-a'')+\beta(b-b'')=\text{H}-\text{H}'', \; \gamma(a-a'')+\delta(b-b'')=\text{K}-\text{K}'',\end{cases}$$

qui donnent séparément $\alpha, \beta, \gamma, \delta$. Les deux premières équations du système (81) fournissent ensuite ξ et η.

52. Les équations (82) sont nécessairement toujours compatibles ; mais elles peuvent être insuffisantes, si elles ne sont pas toutes quatre distinctes. C'est ce qui arriverait dans le cas où l'on aurait la condition $\frac{a-a'}{b-b'}=\frac{a-a''}{b-b''}$. Il faut donc, par un choix convenable des arbitraires a', b', a'', b'', éviter d'y satisfaire.

Les valeurs de $\alpha, \beta, \gamma, \delta$ une fois obtenues sans ambiguïté, il peut arriver encore que le système des deux premières équations (81) laisse ξ et η indéterminés, par suite de la condition $\alpha\delta-\beta\gamma=0$; et si ce dernier cas se présente, on ne pourra s'y soustraire par aucun autre choix des valeurs de a', b', a'', b'' : en sorte qu'il faut, dans la présente analyse, écarter ce cas, qui correspondrait d'ailleurs à des observations mal choisies.

53. On a dit que les équations (81) ne sont pas rigoureusement exactes. Elles fournissent donc pour ξ et η, non pas les valeurs exactes, mais des valeurs approchées, qu'on représentera par a''' et b''', et qui sont assurément plus approchées que chacun des trois systèmes (a, b), (a', b'), (a'', b''). Au moins approché parmi ces derniers, on substituera donc le système (a''', b''') dans les équations (81), en même temps que l'on calculera les valeurs correspondantes H''' et K''' de φ et ψ ; on résoudra le système (81) ainsi modifié, et l'on en déduira, pour ξ et η, des valeurs a^{IV} et b^{IV} plus approchées des vraies valeurs que a''' et b''', et à l'aide desquelles on pourra passer à d'autres valeurs a^{V} et b^{V} plus approchées encore; et ainsi de suite, jusqu'à ce qu'on obtienne deux systèmes consécutifs de valeurs qui ne diffèrent pas d'une manière appréciable : auquel cas les équations (79) pourront être regardées comme résolues.

54. On peut, d'ailleurs, procéder plus rapidement lorsque les équations (79) ont la forme

$$x - \Phi(x, y) = o, \; y - \Psi(x, y) = o,$$

et que les variations de Φ et Ψ, dues aux variations de x et y, sont très-petites devant ces dernières. Dans ce cas, en effet, de premières valeurs approchées a et b de x et y fournissent plus approximativement les valeurs $\Phi(a, b)$ et $\Psi(a, b)$, qu'on appellera a' et b'; celles-ci donnent à leur tour, avec une approximation plus grande, $\Phi(a', b')$ et $\Psi(a', b')$, qu'on appellera a'' et b'' ; puis, plus approximativement encore, $\Phi(a'', b'')$ et $\Psi(a'', b'')$, et ainsi de suite.

55. *Recherche des éléments de l'orbite, lorsqu'on la suppose approximativement connue déjà.* — Les données du problème sont : 1° les époques τ, τ', τ'' des observations successives; 2° pour la terre considérée à ces époques, les longitudes héliocentriques L, L$'$, L$''$ les latitudes héliocentriques B, B$'$, B$''$, et les rayons vecteurs R, R$'$, R$''$ issus du soleil, ces quantités étant fournies par les éphémérides; 3° pour l'astre observé aux mêmes époques, les longitudes géocentriques l, l', l'' et les latitudes géocentriques b, b', b'', déduites, comme on l'a dit, des ascensions droites et des déclinaisons.

Parmi toutes les hypothèses que l'on peut faire sur le choix des inconnues auxiliaires x et y, nous nous arrêterons à celle qu'expriment les égalités $x = \Delta$, $y = \Delta'$.

Les formules (27), où l'on remplace N par *zéro*, permettent de calculer en fonction de Δ les coordonnées héliocentriques λ, β, r de l'astre à l'époque τ. Ces mêmes formules, si l'on y affecte chaque lettre d'un accent, fournissent, en fonction de Δ', les coordonnées λ', β', r' qui répondent à l'époque τ'.

Les valeurs de λ, λ', β, β', substituées dans les formules (71), donnent les éléments Ω et i en fonction de Δ et Δ'; les formules (72) donnent ensuite u et u'.

On passe alors au système (28), où l'on substitue à Ω et i leurs valeurs, et où l'on affecte toutes les autres lettres d'un double accent. L'élimination de Δ'' entre les trois équations donne r'' et u''.

Ainsi Ω, i, r, r', r'', u, u', u'' se trouvent exprimés en Δ et Δ', qui sont x et y.

56. Posons, pour abréger,

(83) $\{\ T = \tau'' - \tau',\ T' = \tau - \tau'',\ T'' = \tau' - \tau,$

et

(84) $\{\ 2f = u'' - u',\ 2f' = u - u'',\ 2f'' = u' - u,$

ce qui entraîne $\text{T}+\text{T}'+\text{T}''=o$ et $f+f'+f''=o$.

La formule (35) pourra s'écrire

$$(85)\qquad p=\frac{rr'r''[\sin 2f+\sin 2f'+\sin 2f'']}{r'r''\sin 2f+r''r\sin 2f'+rr'\sin 2f''}.$$

Posons, en outre,

$$(86)\qquad \begin{cases} \text{U}=r''+r'-2(1-2\zeta)\sqrt{r'r''}\cos f, \\ \text{U}''=r'+r-2(1-2\zeta'')\sqrt{rr'}\cos f''. \end{cases}$$

De ce qui a été vu au numéro (44), il résulte que l'on aura les formules

$$(87)\qquad \left\{ \quad p=\frac{2r'r''\sin^2 f}{\text{U}},\ p=\frac{2rr'\sin^2 f''}{\text{U}''},\right.$$

où ζ, qui entre dans U, est une fonction de x et y déterminée par l'équation (69); où ζ'', qui entre dans U'', est une fonction de x et y déterminée par la même équation, après qu'on y a changé ζ, T, f, r', r'' en ζ'', T'', f'', r, r', tant explicitement que dans U.

Il ne reste plus qu'à égaler deux à deux les valeurs de p que fournissent les formules (85) et (87), pour obtenir des relations propres à déterminer x et y, ou pour former le système (79).

Ce système une fois résolu, les valeurs trouvées pour x et y font connaître ζ, p, Ω, i; puis e et F, au moyen des deux dernières formules (70); puis Π égal à $\dfrac{u''+u'}{2}-\text{F}$; puis le temps t' écoulé entre le passage de l'astre au périhélie et la seconde observation, à l'aide des méthodes développées dans la troisième section et relatives à chacune des trois courbes.

57. *Nota.* — Les équations qui déterminent ζ et ζ'' ne fournissent pas explicitement leurs valeurs en fonction de x et y ; elles permettent seulement de calculer ζ et ζ'' quand x et y sont donnés numériquement. C'est pour cela que les fonctions φ et ψ ne peuvent être considérées non plus comme exprimées explicitement en x et y, mais qu'elles ne sont connues que par les valeurs que leur font prendre des valeurs numériques données à x et y. Il faudra donc, pour résoudre les équations $\varphi = o$ et $\psi = o$, appliquer la méthode développée dans les numéros **51** et **53**, laquelle suppose connues dans une première approximation les valeurs de x et y. Or, une première connaissance approchée de l'orbite devra procurer, en effet, de premières valeurs approchées de Δ et Δ'.

58. *Recherche des éléments d'une orbite complètement inconnue avant les trois observations.* — Dans ce cas, on ne pourrait prendre avantageusement Δ et Δ', ni même Ω et i comme inconnues auxiliaires ; mais il faut choisir, pour x et y, des quantités remplissant cette condition essentielle que l'observation en fournisse, d'une manière simple et directe, de premières valeurs approchées. D'ailleurs, ici, comme dans le cas précédent, il importe que de faibles erreurs commises sur x et y n'affectent que faiblement toutes les grandeurs qui en dépendent : sans quoi il ne serait pas possible d'approcher des vraies valeurs des éléments.

59. Supposons les trois observations faites à des

intervalles de temps peu considérables (comme le sont effectivement celles d'où l'astronome entreprend de tirer de premières indications sur l'orbite, quitte à les rectifier plus tard au moyen de nouvelles observations plus distantes), et distinguons différents ordres de grandeur des petites quantités. Soient les différences $u'-u$, $u''-u'$ considérées comme du premier ordre ; il en sera de même alors des différences $\frac{r}{r'}-1$, $\frac{r''}{r'}-1$; de même des quantités $\frac{n}{2}, -\frac{n'}{2}$, $\frac{n''}{2}$ définies par les formules (74), et qui représentent les aires de triangles ayant un sommet au soleil, et pour côté opposé la corde qui joint deux des trois positions de l'astre ; de même encore des surfaces décrites dans les temps τ, $-\tau'$, τ'', par le rayon vecteur mené du soleil à l'astre, surfaces qui ont pour expressions respectives $\frac{1}{2}k\tau\sqrt{p}, -\frac{1}{2}k\tau'\sqrt{p}, \frac{1}{2}k\tau''\sqrt{p}$, et qui diffèrent des surfaces triangulaires $\frac{n}{2}, -\frac{n'}{2}, \frac{n''}{2}$, de petites quantités du troisième ordre.

On a ainsi, en négligeant de petites quantités du second ordre, les relations $\frac{n}{n'}=\frac{\tau}{\tau'}$, $\frac{n''}{n'}=\frac{\tau''}{\tau'}$, $\frac{n''}{n}=\frac{\tau''}{\tau}$, réductibles à deux.

60. D'après cela, il semble, au premier abord, qu'il soit à propos de prendre pour inconnues auxiliaires les rapports $\frac{n}{n'}$ et $\frac{n''}{n'}$. Car, si, recourant au système (78), on l'écrit sous la forme

$$[78]\left\{\begin{aligned}
d\ (ee'e'') &= -\frac{n'}{n}\left[(\mathrm{E}e'e'')\mathrm{D}\frac{n}{n'}+(\mathrm{E}'e'e'')\mathrm{D}'+(\mathrm{E}''e'e'')\mathrm{D}''\frac{n''}{n'}\right],\\
d'\ (ee'e'') &= -\quad\left[(e\mathrm{E}e'')\mathrm{D}\frac{n}{n'}+(e\mathrm{E}'e'')\mathrm{D}'+(e\mathrm{E}''e'')\mathrm{D}''\frac{n''}{n'}\right],\\
d''(ee'e'') &= -\frac{n'}{n''}\left[(ee'\mathrm{E})\mathrm{D}\frac{n}{n'}+(ee'\mathrm{E}')\mathrm{D}'+(ee'\mathrm{E}'')\mathrm{D}''\frac{n''}{n'}\right],
\end{aligned}\right.$$

on obtient trois relations qui déterminent, en fonction de $\frac{n}{n'}$ et $\frac{n''}{n'}$, les projections d, d', d'' des distances Δ, Δ', Δ'', et par suite ces distances elles-mêmes : en sorte que les deux équations en Δ et Δ', obtenues au numéro (56), peuvent se transformer en deux autres liant $\frac{n}{n'}$ et $\frac{n''}{n'}$.

Toutefois, un examen plus attentif des équations [78] montre qu'elles ne peuvent, au moyen des valeurs approchées $\frac{\mathrm{T}}{\mathrm{T}'}$ et $\frac{\mathrm{T}''}{\mathrm{T}'}$ de $\frac{n}{n'}$ et $\frac{n''}{n'}$, fournir des valeurs approchées de d, d', d''. En effet, les rayons vecteurs r, r', r'' formant deux à deux, dans un même plan, de petits angles du premier ordre, on aperçoit que la quantité $(e\,e'\,e'')$ est du troisième, tandis que les autres quantités $(\mathrm{E}\,e'\,e'')$, $(\mathrm{E}'\,e'\,e'')$, .., sont du premier (1). Il en résulte qu'une erreur du second

(1) Les directions e, e', e'' forment deux à deux de petits angles du premier ordre, et, si on les fait partir d'un même point, le plan de la première direction et de la seconde forme avec le plan de la seconde et de la troisième un petit angle du premier ordre : en sorte que, si l'on considère, dans le plan des deux dernières, la direction e_1 qui a même longitude l que la première e, cette direction e_1 forme avec la direction e un petit angle du second ordre, et a par

ordre, commise sur $\frac{n}{n'}$ et $\frac{n''}{n'}$, entraîne une erreur du troisième ordre sur les seconds membres, et par suite une erreur d'ordre *zéro* sur les inconnues d, d', d'', c'est-à-dire une erreur dont rien ne garantit la petitesse. Ainsi, les premières valeurs approchées de $\frac{n}{n}$ et $\frac{n''}{n'}$ ne fournissant rien de bon pour les distances $\Delta, \Delta', \Delta''$, on est arrêté dès le premier pas.

61. Ce choix écarté, considérons maintenant le

conséquent une latitude b_1 dont la différence avec b est du second ordre. Mais, puisque les directions e_1, e', e'' sont dans un même plan, on a la condition

$$o = \operatorname{tg} b_1 \sin(l'' - l') + \operatorname{tg} b' \sin(l - l'') + \operatorname{tg} b'' \sin(l' - l),$$

qui permet de simplifier la formule

$$(e e' e'') = \operatorname{tg} b \sin(l'' - l') + \operatorname{tg} b' \sin(l - l'') + \operatorname{tg} b'' \sin(l' - l),$$

et donne

$$(e e' e'') = [\operatorname{tg} b - \operatorname{tg} b_1] \sin(l'' - l').$$

Or, on voit que, dans le second membre de cette égalité, le premier facteur est du second ordre, et le second facteur du premier ordre, ce qui montre que l'expression $(e e' e'')$ est bien du troisième.

Des autres quantités $(\text{E} e' e'')$, $(\text{E}' e' e'')$, .., il suffira de considérer la première, pour laquelle on établira aisément la formule

$$(\text{E} e' e'') = [\operatorname{tg} \text{B} - \operatorname{tg} \text{B}_1] \sin(l'' - l'),$$

où B_1 représente la latitude de la direction qui, située dans un même plan avec les directions e' et e'', aurait L pour longitude. Le premier facteur du second membre est de l'ordre *zéro*, le second est du premier ordre; $(\text{E} e' e'')$ est donc du premier ordre.

rapport $\frac{n+n'+n''}{n'}$, dont le numérateur représente le double de l'aire du triangle qui aurait pour sommets les trois positions de l'astre ; ce rapport est du second ordre ; aussi s'annule-t-il avec $\text{T}+\text{T}'+\text{T}''$, quand on y remplace $\frac{n}{n'}$ et $\frac{n''}{n'}$ par $\frac{\text{T}}{\text{T}'}$ et $\frac{\text{T}''}{\text{T}'}$. Cherchons-en la valeur approchée. Il faut, pour cela, remonter à la formule (85), qui, $f+f'+f''$ étant nul, peut s'écrire

$$(88)\quad p=\frac{-n\,n'\,n''}{2\,(n+n'+n'')\,r\,r'r''\cos f\cos f'\cos f''},$$

et donne

$$\frac{n+n'+n''}{n'}=\frac{-n\,n''}{2p\,r\,r'\,r''\cos f\cos f'\cos f''}.$$

Si l'on veut calculer approximativement le second membre de cette dernière égalité, on y pourra substituer $\cos f=\cos f'=\cos f''=1$, $r=r'=r''$, $n=k\text{T}\sqrt{p}$, $n''=k\text{T}''\sqrt{p}$, et l'on obtiendra la relation $\frac{n+n'+n''}{n'}=\frac{-k^2\text{T}\,\text{T}''}{2\,r'^3}$, où l'erreur du second membre est du troisième ordre.

62. On sait, d'une autre part, que $\frac{\text{T}''}{\text{T}}$ est la valeur de $\frac{n''}{n}$ au second ordre près. En conséquence on posera

$$(89)\quad \left\{\ \frac{n''}{n}=\text{P},\quad \frac{n+n'+n''}{n'}=-\frac{\text{Q}}{2\,r'^3};\right.$$

et, sans plus revenir aux équations [78], ni recourir aux quantités Δ et Δ', on prendra P et Q pour les inconnues auxiliaires x et y, lesquelles auront alors comme premières valeurs approchées $\frac{T''}{T}$ et $k^2 T T''$, et dont on pourra, comme on va le voir, atteindre les valeurs exactes au moyen d'approximations successives.

Des relations (89) on tire d'ailleurs les suivantes :

$$(90) \left\{ \frac{n}{n'} = \frac{-1}{1+P}\left(1+\frac{Q}{2r'^3}\right), \quad \frac{n''}{n'} = \frac{-P}{1+P}\left(1+\frac{Q}{2r'^3}\right), \right.$$

dont il sera plus loin fait usage.

63. Le rayon de la sphère céleste étant supposé infini, afin que son centre puisse être placé indifféremment au soleil ou à la terre, soient, en projection

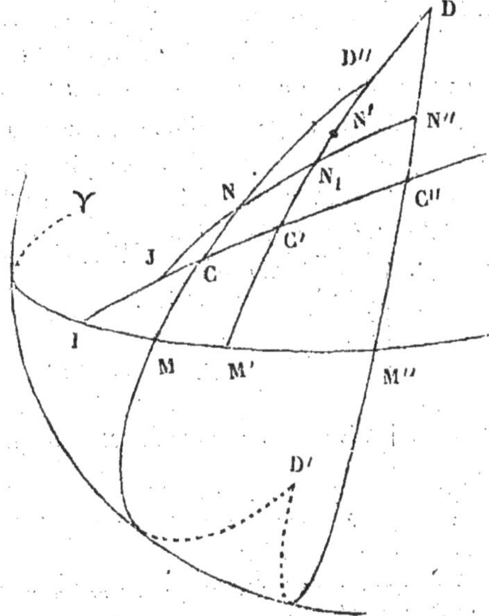

sur cette sphère, M, M', M'' les trois positions de la

terre vue du soleil aux époques τ, τ', τ'' ; N, N', N'' les positions correspondantes de l'astre vu de la terre ; C, C', C'' celles qu'il aurait s'il était vu du soleil.

On admettra que les trois points M, M', M'' sont dans le plan de l'écliptique, soit que l'on ait négligé leurs latitudes B, B', B'', toujours très-petites, soit que l'on ait effectué la réduction indiquée au numéro **25**. Quant aux points C, C', C'', qui sont situés dans le plan de l'orbite de l'astre, ils appartiennent à un même arc de grand cercle, qui coupe sous un angle i le plan de l'écliptique, en un point I dont la longitude est Ω.

Les points M, M', M'' ont L, L', L'' pour longitudes ; les points N, N', N'' ont pour longitudes l, l', l'', et pour latitudes b, b', b''. A l'aide de ces données, on pourra calculer les inclinaisons à l'écliptique, γ, γ', γ'', des arcs MN, M'N', M''N'', et les longueurs δ, δ' δ'' de ces arcs. L'angle δ étant toujours positif et moindre que π, l'angle γ étant compris de $-\pi$ à $+\pi$ et ayant toujours le signe de b, on aura, pour la première position de l'astre, les formules

$$(91) \quad \left\{ \quad \operatorname{tg} \gamma = \frac{\operatorname{tg} b}{\sin (l - \text{L})}, \ \operatorname{tg} \delta = \frac{\operatorname{tg} (l - \text{L})}{\cos \gamma}, \right.$$

qui détermineront sans ambiguité γ et δ. De même pour les deux autres positions, en affectant chaque lettre d'un accent, ou de deux accents.

64. Les deux arcs MN et M'N' se coupant en deux points diamétralement opposés, choisissons, de ces deux points, le point D'' d'où l'on voit le point M' à gauche du point M, quand on est placé suivant la droite qui va du centre de la sphère au point D'', les pieds au centre, la tête en D'', et le visage tourné vers la bissectrice de l'angle MD''M'. Soit de même, pour les arcs M'N' et M''N'', D le point de rencontre d'où l'on voit M'' à gauche de M'. Soit, enfin, pour les arcs M''N'' et MN, D' le point de rencontre d'où l'on voit M à gauche de M''.

Les valeurs connues de L, L', L'' et de γ, γ', γ'' fournissent, pour chacun des triangles MD''M', M'DM'', M''D'M, un côté et les deux angles adjacents, et permettent par conséquent de calculer les trois autres éléments, que nous regarderons alors comme étant eux-mêmes connus.

65. Cela posé, il s'agit d'exprimer en fonction de P et Q, les trois rayons vecteurs r, r', r'', et les trois angles $2f$, $2f'$, $2f''$ représentés sur la figure par les différences IC'' — IC', IC — IC'', IC' — IC. Ce calcul, comme on va le voir, exige que l'on exprime préalablement en P et Q les arcs CN, C'N', C''N''.

Soit posé, en effet, CN $= z$, C'N' $= z'$, C''N'' $= z''$. Les arcs z, z', z'' une fois connus, on connaîtra, dans le triangle CD''C', un angle et les deux côtés qui le comprennent, à savoir : l'angle D'', qui fait partie du triangle MD''M', et les côtés D''C et D''C', respectivement égaux à D''M $- \delta + z$ et D''M' $- \delta' + z'$; on pourra donc, dans le triangle CD''C', calculer le côté CC' ou $2f''$. De même, dans le triangle C'DC'', on calculera le côté C'C'' ou $2f$. On aura ensuite $2f'$ par la condition $f + f' + f'' = o$.

Pour obtenir, d'autre part, les rayons vecteurs r, r', r'', il faudra se reporter à la figure du numéro **49**, dans laquelle les angles en A, A', A'', des triangles TSA, T'SA', T''SA'' sont respectivement égaux à z, z', z'', et les angles en T, T', T'', respectivement supplémentaires de δ, δ', δ''. Ces triangles fourniront les relations

$$(92) \left\{ \frac{r}{R} = \frac{\sin\delta}{\sin z}, \frac{r'}{R'} = \frac{\sin\delta'}{\sin z'}, \frac{r''}{R''} = \frac{\sin\delta''}{\sin z''}, \right.$$

propres à déterminer r, r', r'', quand z, z', z'' sont connus.

66. Commençons donc par calculer z, z', z''; ou plutôt calculons d'abord z'; la seconde formule (92) donnera r'; nous déterminerons ensuite simultanément r, z, r'', z''; après quoi il sera facile d'obtenir f, f', f''.

67. Dans l'expression de z' en fonction de P et Q, il sera commode de faire figurer une quantité auxiliaire σ, fonction des données, et que nous allons définir. Considérant, pour cela, la figure du numéro **63**, menons l'arc de grand cercle NN'' qui rencontre en J l'arc CC'C'', et en N_1 l'arc M'N'. La résolution du triangle ND'N'', dans lequel on connaît l'angle D' et les deux côtés D'M + δ et D'M'' + δ'' qui le comprennent, fera connaître les angles en N et N''; la résolution du triangle NN_1D'', connu par le côté D''N, égal à D''M—δ, et par les deux angles adjacents, ou celle du triangle $N''N_1D$, connu par le côté DN'', égal à DM'' — δ'', et par les deux angles adjacents, déterminera l'angle en N_1 et la position du point N_1 sur l'arc M'N'. Si donc on pose $\sigma = \delta' - M'N_1$, l'arc σ

peut être considéré comme une fonction connue des données.

68. L'équation propre à déterminer z' s'obtient en partant de l'identité

$$o = \sin \mathfrak{I}\mathfrak{C} \sin(\mathfrak{I}\mathfrak{C}'' - \mathfrak{I}\mathfrak{C}') + \sin \mathfrak{I}\mathfrak{C}' \sin(\mathfrak{I}\mathfrak{C} - \mathfrak{I}\mathfrak{C}'') + \sin \mathfrak{I}\mathfrak{C}'' \sin(\mathfrak{I}\mathfrak{C}' - \mathfrak{I}\mathfrak{C}),$$

qui résulte de ce que les trois points C, C', C'' sont situés sur un même arc de grand cercle.

Si l'on observe que les seconds facteurs y sont respectivement égaux à $\sin(u'' - u')$, $\sin(u - u'')$, $\sin(u' - u)$, et si l'on substitue à ces derniers sinus leurs valeurs tirées des formules (74), on obtient la relation

$$o = nr \sin \mathfrak{I}\mathfrak{C} + n'r' \sin \mathfrak{I}\mathfrak{C}' + n''r'' \sin \mathfrak{I}\mathfrak{C}'',$$

où l'on peut encore remplacer $\sin \mathfrak{I}\mathfrak{C}$, $\sin \mathfrak{I}\mathfrak{C}'$, $\sin \mathfrak{I}\mathfrak{C}''$ par leurs valeurs tirées des formules

$$\frac{\sin \mathfrak{I}\mathfrak{C}}{\sin z} = \frac{\sin \mathrm{N}}{\sin \mathfrak{I}}, \quad \frac{\sin \mathfrak{I}\mathfrak{C}'}{\sin(z' - \sigma)} = \frac{\sin \mathrm{N}_1}{\sin \mathfrak{I}}, \quad \frac{\sin \mathfrak{I}\mathfrak{C}''}{\sin z''} = \frac{\sin \mathrm{N}''}{\sin \mathfrak{I}},$$

que fournissent les triangles $\mathfrak{I}\mathfrak{C}\mathrm{N}$, $\mathfrak{I}\mathfrak{C}'\mathrm{N}_1$, $\mathfrak{I}\mathfrak{C}''\mathrm{N}''$. Substituant donc, on obtient, après multiplication et division convenables,

$$o = \frac{n}{n'}\frac{r}{r'} \sin z \sin \mathrm{N} + \sin(z' - \sigma) \sin \mathrm{N}_1 + \frac{n''}{n'}\frac{r''}{r'} \sin z'' \sin \mathrm{N}''.$$

Dans cette relation, on remplace $r \sin z$, r', $r'' \sin z''$ par leurs valeurs tirées des formules (92), on divise convenablement, et l'on arrive à l'équation

$$(93)\quad o = \frac{n}{n'}\frac{\mathrm{R}}{\mathrm{R}'}\frac{\sin \delta}{\sin \delta'}\frac{\sin \mathrm{N}}{\sin \mathrm{N}_1} + \frac{\sin(z' - \sigma)}{\sin z'} + \frac{n''}{n'}\frac{\mathrm{R}''}{\mathrm{R}'}\frac{\sin \delta''}{\sin \delta'}\frac{\sin \mathrm{N}''}{\sin \mathrm{N}_1},$$

qui détermine z' en fonction des inconnues $\frac{n}{n'}$ et $\frac{n''}{n'}$.

Mais il reste à en déduire l'expression de z' en fonction de P et Q.

A cet effet, on substitue à $\frac{n}{n'}$ et $\frac{n''}{n'}$ leurs valeurs en P et Q déduites des formules (90) ; on représente, pour simplifier, par m et m'' les coefficients respectifs de ces valeurs ; on transpose ; et l'on a la relation $\frac{m+m''\text{P}}{1+\text{P}}\left(1+\frac{\text{Q}}{2r'^3}\right)=\frac{\sin(z'-\sigma)}{\sin z'}$, qui, lorsqu'on y remplace r' par sa valeur en z' tirée de la seconde formule (92), donne enfin l'équation

$$(94)\quad \sin z'+\frac{\text{Q}}{2\text{R}'^3\sin^3\delta'}\sin^4 z'=\frac{1+\text{P}}{m+m''\text{P}}\sin(z'-\sigma),$$

propre à déterminer z' en fonction des données et des quantités auxiliaires P et Q.

Une fois z' obtenu, on en conclut r', puis $\frac{n}{n'}$ et $\frac{n''}{n'}$.

69. Pour calculer ensuite r, z, r'', z'', on divise membre à membre les formules (74), et l'on écrit les résultats sous la forme

$$(95)\quad \left\{ \frac{n}{n'}=-\frac{r'}{r}\frac{\sin \text{C}'\text{C}''}{\sin \text{C}\text{C}''},\quad \frac{n''}{n'}=-\frac{r'}{r''}\frac{\sin \text{C}\text{C}'}{\sin \text{C}\text{C}''}.\right.$$

Or, d'une part, les triangles C'C''D, CC''D' donnent les relations

$$\frac{\sin \text{C}'\text{C}''}{\sin \text{D}}=\frac{\sin(\text{DM}'-\delta'+z')}{\sin \text{C}''},\quad \frac{\sin \text{CC}''}{\sin \text{D}'}=\frac{\sin(\text{D}'\text{M}+\delta-z)}{\sin \text{C}''},$$

d'où l'on déduit le rapport $\frac{\sin \text{C}'\text{C}''}{\sin \text{CC}''}$; de l'autre, les triangles CC'D'', CC''D' donnent les relations

$$\frac{\sin \text{CC}'}{\sin \text{D}''} = \frac{\sin(\text{D}''\text{M}' - \delta' + z')}{\sin \text{C}}, \quad \frac{\sin \text{CC}''}{\sin \text{D}'} = \frac{\sin(\text{D}'\text{M}'' + \delta'' - z'')}{\sin \text{C}},$$

d'où l'on déduit le rapport $\frac{\sin \text{CC}'}{\sin \text{CC}''}$. On substitue dans les formules (95) les valeurs trouvées pour les deux rapports ; et l'on obtient les équations

$$(96) \quad \left\{ \begin{aligned} \frac{n}{n'} &= -\frac{r' \sin(\text{DM}' - \delta' + z') \sin \text{D}}{r \sin(\text{D}'\text{M} + \delta - z) \sin \text{D}'}, \\ \frac{n''}{n'} &= -\frac{r' \sin(\text{D}''\text{M}' - \delta' + z') \sin \text{D}''}{r'' \sin(\text{D}'\text{M}'' + \delta'' - z'') \sin \text{D}'}, \end{aligned} \right.$$

que l'on peut résoudre par rapport à $r \sin(\text{D}'\text{M} + \delta - z)$ et $r'' \sin(\text{D}'\text{M}'' + \delta'' - z'')$.

Les valeurs de ces derniers produits, rapprochées respectivement des valeurs de $r \sin z$ et $r'' \sin z''$ que fournissent les formules (92), conduisent aux valeurs de $r \cos z$ et $r'' \cos z''$. Il est donc facile ensuite de calculer r et z au moyen de $r \sin z$ et $r \cos z$, r'' et z'' au moyen de $r'' \sin z''$ et $r'' \cos z''$. Enfin, quand z, z', z'' sont connus, on obtient f, f', f'' en procédant comme il a été dit au numéro **65**.

70. On vient d'exprimer r, r', r'', f, f', f'' en fonction de P et Q. Il faut maintenant, comme au numéro **56**, égaler deux à deux les valeurs de p tirées des formules (85) et (87), après avoir préalablement remplacé ζ, dans U, par sa valeur en T, f, r', r'' tirée de l'équation (69); ζ'', dans U'', par sa valeur de même forme en T'', f'', r, r'; et partout r, r', r'', f, f', f'' par leurs valeurs en P et Q. On obtient ainsi, entre ces deux dernières quantités inconnues, deux relations qui constituent le système à résoudre d'après la méthode exposée aux numéros **51** et **53**.

On résout donc ce système, en même temps qu'on détermine numériquement r, r', r'', z, z', z'', ζ, ζ''; après quoi on obtient p, e, F par les formules (70), et t' à l'aide des principes développés dans la troisième section.

91. Pour obtenir sous la forme la plus avantageuse les deux équations qui déterminent P et Q, on écrit les formules (87) sous la forme

$$(97) \quad \left\{ \sqrt{p} = \frac{n}{\cos f \sqrt{2\,\mathrm{U}\,r'r''}}, \quad \sqrt{p} = \frac{n''}{\cos f'' \sqrt{2\,\mathrm{U}''\,rr'}}; \right.$$

puis, d'une part, on les divise membre à membre, et l'on remplace $\frac{n''}{n}$ par P dans le résultat; de l'autre, on les multiplie membre à membre, on égale la valeur de p ainsi obtenue à la valeur de p que donne la formule (88), et l'on remplace dans le résultat $\frac{n+n'+n''}{n'}$ par $-\frac{\mathrm{Q}}{2r'^3}$. On est ainsi conduit aux deux relations

$$(98) \quad \left\{ \mathrm{P} = \frac{\cos f''}{\cos f} \sqrt{\frac{r\,\mathrm{U}''}{r''\mathrm{U}}}, \quad \mathrm{Q} = \frac{2r'^3}{\cos f'} \sqrt{\frac{\mathrm{U}\,\mathrm{U}''}{r\,r''}}, \right.$$

qui renferment implicitement P et Q dans leurs seconds membres.

Or, si l'on veut calculer approximativement ces seconds membres, on les réduit d'abord à $\sqrt{\frac{\text{U}''}{\text{U}}}$ et $2r'^2\sqrt{\text{U}\text{U}''}$, en y remplaçant les quantités cos f, cos f', cos f'', $\frac{r}{r'}$, $\frac{r''}{r'}$ par l'unité ; on remarque ensuite que, vu la petitesse de U, la formule (69) donne, à peu près, $\text{U} = \frac{k^2\text{T}^2}{2r'^2}$; on pose de même $\text{U}'' = \frac{k^2\text{T}''^2}{2r'^2}$; et l'on obtient par là $\frac{\text{T}''}{\text{T}}$ et $k^2\text{T}\text{T}''$ pour valeurs approchées de P et Q, comme au numéro **62** ; ce qui montre que les seconds membres des formules (98) ne renferment P et Q que dans des termes qu'une première approximation permet de négliger. Ce sera donc ici le cas de déterminer P et Q en procédant par approximations successives, comme il a été indiqué au numéro **54**.

72. Il s'agit maintenant de déterminer les éléments i, Ω et Π. On considère pour cela le triangle C'IM' de la figure du numéro **63**, où le côté IC' est égal à l'argument u' de la latitude pour la seconde position de l'astre, où l'angle en I est égal à i, où le côté IM' est égal à $\text{L}' - \Omega$. Dans ce triangle, on connaît le côté M'C' égal à $\delta' - z'$, l'angle en M' supplément de γ', et l'angle en C', dont l'opposé par le sommet fait partie du triangle C'DC'' résolu au numéro **65**. On saura donc résoudre le triangle C'IM' : ce qui fera connaître i, $L' - \Omega$ et u'. La valeur de $L' - \Omega$ retranchée de L' donnera Ω ; celle de u' augmentée de f et diminuée de F donnera Π.

73. Ainsi se trouveront déterminés tous les éléments de l'orbite, avec peu de précision peut-être, parce qu'il s'est écoulé trop peu de temps entre chacune des observations successives, mais avec une précision suffisante toutefois pour fournir de premières valeurs approchées des distances Δ, Δ', Δ'' qui correspondraient à des observations ultérieures plus distantes : ce qui permettra de résoudre à nouveau le problème, en appliquant la méthode des numéros **55** et **56**.

74. On a négligé, d'ailleurs, dans la présente analyse, plus d'un cas particulier qui échappe à la méthode générale : comme lorsque l'un des arcs MN, M'N', M''N'' est nul, ce qui laisse indéterminée son inclinaison ; ou lorsque l'un des arcs D'N, D'N'' est égal à π, ce qui rend le système (96) insuffisant ; ou lorsque les points N, N', N'' et M' appartiennent à un même grand cercle, ce qui entraîne l'indétermination du point N_1. Il faut alors, selon les cas, modifier la marche du calcul ou recourir à d'autres observations plus favorables : et c'est ce qu'il est opportun de faire encore, si les données, sans remplir l'une des conditions énumérées, s'écartent peu néanmoins d'y satisfaire.

SIXIÈME SECTION.

RECHERCHE DE L'ORBITE AU MOYEN DE QUATRE OBSERVATIONS DONT DEUX SEULEMENT SONT COMPLÈTES.

75. S'il est vrai que trois observations complètes suffisent pour déterminer l'orbite, c'est à la condition, tacitement admise dans la cinquième section, que le plan de cette orbite ne coïncide pas avec celui dans lequel se meut la terre. Alors, en effet, la position du point A″ vu de la terre suivant une direction donnée T″A″ (Voir la figure du numéro **49**), et situé dans le plan des trois points S, A, A′, se trouve déterminée : d'où il résulte que les éléments i, Ω, p, e, F sont des fonctions déterminées de Δ et Δ'.

Mais, lorsque les trois latitudes géocentriques de l'astre sont nulles, aussi bien que les latitudes héliocentriques de la terre, il existe, suivant la direction donnée T″A″, une infinité de positions possibles du point A″, dans le plan SAA′; il existe donc aussi une infinité de sections coniques de foyer S, qui satisfont à la loi des aires, et parmi lesquelles l'analyse précédente ne peut servir à discerner la véritable orbite.

Si, les latitudes B, B′, B″ étant nulles, les latitudes b, b', b'' sont très-petites, le plan SAA′ coupe sous un angle très-petit la droite menée du point T″ dans la direction donnée : en sorte qu'on ne peut déterminer avec précision la position du point A″ d'intersection, non plus que l'orbite elle-même.

Dans l'un ou l'autre de ces deux cas, il importe donc de recourir à plus de trois observations. Or, on va faire voir que quatre suffisent, si elles fournissent les quatre longitudes géocentriques et deux des quatre latitudes, qu'il n'est même pas nécessaire de supposer petites.

76. Admettons d'abord que l'on connaisse approximativement l'orbite, et soient x et y deux quantités auxiliaires telles que, si elles étaient données, elles pussent servir, avec les données des deux observations complètes, à déterminer tous les éléments, et par conséquent à exprimer à chaque instant la longitude géocentrique de l'astre. On cherchera l'expression de la longitude pour l'une et l'autre des époques des observations incomplètes, et l'on écrira qu'elle est égale à la longitude observée correspondante. On obtiendra ainsi deux relations entre x et y, que l'on pourra traiter comme on a traité les équations (79), puisque l'orbite, approximativement connue, fournira de premières valeurs approchées de x et y.

77. Mais, quand l'orbite est inconnue, il faut recourir à quatre observations suffisamment voisines deux à deux, et choisir des inconnues auxiliaires pour lesquelles ces observations procurent immédiatement de premières valeurs approchées. Par exemple, on peut appliquer la méthode suivante.

78. Soient τ, τ', τ'', τ''' les époques successives des observations, et, pour ces époques,

l, l', l'', l'''	les longitudes géocentriques de l'astre,	déduites de l'observation ;
», b', b'', »	les latitudes géocentriques de l'astre,	
L, L', L'', L'''	les longitudes héliocentriques de la terre supposée dans le plan de l'écliptique,	fournis par les éphémérides ;
R, R', R'', R'''	les rayons vecteurs menés du soleil à la terre,	
u, u', u'', u'''	les arguments de la latitude de l'astre,	coordonnées héliocentriques inconnues ;
r, r', r'', r'''	les rayons vecteurs menés du soleil à l'astre,	
», δ', δ'', »	les arcs de grand cercle qui mesurent le supplément de la distance angulaire de l'astre au soleil, vue de la terre,	fonctions connues des données ;
», γ', γ'', »	les inclinaisons de ces arcs sur l'écliptique,	
$\Delta, \Delta', \Delta'', \Delta'''$	les rayons vecteurs menés de la terre à l'astre,	quantités auxiliaires inconnues.
», z', z'', »	les arcs de grand cercle qui mesurent la distance angulaire du soleil à la terre, vue de l'astre,	

On posera

$$(99)\left\{\begin{aligned} &\text{P} = \frac{n_{12}}{n_{01}},\ \text{Q} = -2r'^3\left(\frac{n_{01}+n_{12}+n_{20}}{n_{20}}\right),\\ &\text{P}''' = \frac{n_{23}}{n_{12}},\ \text{Q}''' = -2r''^3\left(\frac{n_{12}+n_{23}+n_{31}}{n_{31}}\right),\end{aligned}\right.$$

avec

$$(100)\left\{\begin{aligned} n_{01} &= r\,r'\sin(u'-u),\\ n_{12} &= r'r''\sin(u''-u'),\\ n_{23} &= r''r'''\sin(u'''-u''),\\ n_{20} &= r''\,r\sin(u-u''),\\ n_{31} &= r'''r'\sin(u'-u''');\end{aligned}\right.$$

et, prenant P, Q, P''', Q''' pour inconnues auxiliaires on commencera par exprimer Δ' et Δ'' en fonction de ces quatre quantités.

29. Soit considéré le système (75); changeons-y n, n', n'' en n_{12}, n_{20}, n_{01}; remplaçons B, B', B'' par *zéro*; D, D', D'' par R, R', R''; d, d', d'' par $\Delta \cos b$, $\Delta' \cos b'$, $\Delta'' \cos b''$; éliminons Δ entre les deux premières équations; il viendra

$$\begin{aligned} o = {} & n_{12}\,\text{R}\sin(\text{L}-l)\\ & + n_{20}\,[\Delta'\cos b'\sin(l'-l) + \text{R}'\sin(\text{L}'-l)]\\ & + n_{01}\,[\Delta''\cos b''\sin(l''-l) + \text{R}''\sin(\text{L}''-l)]. \end{aligned}$$

L'élimination de $\frac{n_{01}}{n_{20}}$ et $\frac{n_{12}}{n_{20}}$ entre cette équation et les deux premières du système (99), donnera ensuite

$$\left\{\begin{aligned}&(1+\text{P})\,[\Delta'\cos b'\sin(l'-l)+\text{R}'\sin(\text{L}'-l)]\\&=\left(1+\frac{\text{Q}}{2r'^3}\right)\Big\{\text{R}\sin(\text{L}-l)\\&+\text{P}\,[\Delta''\cos b''\sin(l''-l)+\text{R}''\sin(\text{L}''-l)]\Big\}.\end{aligned}\right.$$

On obtiendra tout aussi aisément

$$\left\{\begin{aligned}&(1+\text{P}''')\,[\Delta''\cos b''\sin(l''-l''')+\text{R}''\sin(\text{L}''-l''')]\\&=\left(1+\frac{\text{Q}'''}{2r''^3}\right)\Big\{\text{R}'''\sin(\text{L}'''-l''')\\&+\text{P}'''\,[\Delta'\cos b'\sin(l'-l''')+\text{R}'\sin(\text{L}'-l''')]\Big\}.\end{aligned}\right.$$

Si, dans ces deux dernières relations, on remplace r' et r'' par leurs valeurs tirées des formules

$$(101)\left\{\begin{aligned}r'&=\sqrt{\Delta'^2+2\Delta'\text{R}'\cos\delta'+\text{R}'^2},\\r''&=\sqrt{\Delta''^2+2\Delta''\text{R}''\cos\delta''+\text{R}''^2},\end{aligned}\right.$$

elles deviendront propres à déterminer Δ' et Δ'' en fonction de P, Q, P''', Q'''.

80. A l'aide des valeurs trouvées pour Δ' et Δ'', il faut exprimer maintenant celles de r, r', r'', r''', et des différences entre les quantités u, u', u'', u'''.

On sait déjà comment déterminer r' et r'', par les formules (101), puis z' et z'', par la seconde et la troisième des formules (92).

On considère ensuite le triangle M'DM'' (Voir la figure du numéro **63**), dans lequel le côté M'M'' et les angles M' et M'' sont connus; on calcule dans ce triangle l'angle D et les côtés M'D et M''D : ce qui fournit, pour le triangle C'DC'', l'angle D et les deux côtés adjacents DC' et DC'' respectivement égaux à M'D — $\delta' + z'$ et M''D — $\delta'' + z''$. On résout ce dernier triangle C'DC''; et l'on obtient, en fonction des auxiliaires P, Q, P''', Q''', que z' et z'' renferment, les angles C' et C'', et le côté compris C'C'', c'est-à-dire $u'' - u'$.

Cela fait, on remplace, dans les équations (99), n_{01}, n_{12}, n_{23}, n_{20}, n_{31} par leurs valeurs tirées du système (100), puis u'' par u' + C'C''. Les deux premières peuvent alors se résoudre par rapport à $r \sin(u' - u)$ et $r \cos(u' - u)$, ce qui fait connaître r et $u' - u$; les deux dernières par rapport à $r''' \sin(u''' - u')$ et $r''' \cos(u''' - u')$, ce qui fait connaître r''' et $u''' - u'$.

On peut alors calculer n_{01}, n_{12}, n_{23}, n_{20}, n_{31}.

81. D'une autre part, on remonte à l'équation (69); on y remplace T par $\tau'' - \tau'$; U par sa valeur tirée de la formule (68); f par $\frac{u'' - u'}{2}$; on résout par rapport à ζ; on fait dans le système (70) toutes les substitutions; et ce système donne les valeurs de p, e, F exprimées en fonction de r', r'', $u''-u'$, $\tau''-\tau'$. Soit p_{12} l'expression trouvée pour p.

82. Il est clair qu'un calcul analogue fournira l'expression p_{01} du demi-paramètre en fonction de r, r', $u' - u$, $\tau' - \tau$; et son expression p_{23} en fonction de r'', r''', $u''' - u''$, $\tau''' - \tau''$. De la sorte, on aura les formules

$$(102)\ \left\{\ p = p_{01},\ p = p_{12},\ p = p_{23}.\right.$$

D'ailleurs, la formule (35) donne encore les deux suivantes :

$$(103)\ \left\{ p = \frac{rn_{12} + r'n_{20} + r''n_{01}}{n_{12} + n_{20} + n_{01}},\ p = \frac{r'n_{23} + r''n_{31} + r'''n_{12}}{n_{23} + n_{31} + n_{12}}.\right.$$

Si donc on élimine p entre ces cinq équations, et qu'on substitue, dans les quatre équations résultantes, les valeurs trouvées au numéro **80** pour r, r', .., $u' - u$, $u'' - u'$, .., n_{01}, n_{12}, .., on obtiendra entre P, Q, P''', Q''' quatre relations propres à déterminer ces quatre inconnues.

Or, on va voir qu'il est possible de donner aux quatre relations une forme telle qu'elles se prêtent à l'application de la méthode de solution indiquée au numéro **54**.

82. On représente par (01), (12), (23) les rapports des aires doubles triangulaires, n_{01}, n_{12}, n_{23}, aux aires doubles de secteur correspondantes, $k(\tau' - \tau)\sqrt{p_{01}}$, $k(\tau'' - \tau')\sqrt{p_{12}}$, $k(\tau''' - \tau'')\sqrt{p_{23}}$; et l'on remarque que la première et la troisième des formules (99), écrites sous la forme

$$(104)\ \left\{ \mathrm{P} = \frac{(12)}{(01)}\frac{\tau'' - \tau'}{\tau' - \tau},\ \mathrm{P}''' = \frac{(23)}{(12)}\frac{\tau''' - \tau''}{\tau'' - \tau'},\right.$$

équivalent aux deux relations que fournirait l'élimination de p entre les trois équations du système (102).

Dans le second membre de la première formule (103), on substitue au dénominateur sa valeur tirée de la seconde formule (99) ; on met le numérateur sous la forme $-4rr'r'' \sin\frac{u'-u}{2}\sin\frac{u''-u'}{2}\sin\frac{u-u''}{2}$, qui conduit à cette autre

$$\frac{-n_{01}\,n_{12}\,n_{20}}{2r\,r'\,r''\cos\frac{u'-u}{2}\cos\frac{u''-u'}{2}\cos\frac{u-u''}{2}};$$

on divise par p les deux membres de la première formule (103) ainsi transformée ; on remplace p par $\sqrt{p_{01}}\sqrt{p_{12}}$; on introduit les expressions (01), (12) ; on résout par rapport à Q ; et l'on obtient la première des deux relations

$$(105)\quad\left\{\begin{aligned} \mathrm{Q} &= \frac{r'^2}{rr''}\,\frac{(01)\,(12)\,k^2\,(\tau'-\tau)\,(\tau''-\tau')}{\cos\frac{u'-u}{2}\cos\frac{u''-u'}{2}\cos\frac{u-u''}{2}},\\ \mathrm{Q}''' &= \frac{r''^2}{r'r'''}\,\frac{(12)\,(23)\,k^2\,(\tau''-\tau')\,(\tau'''-\tau'')}{\cos\frac{u''-u'}{2}\cos\frac{u'''-u''}{2}\cos\frac{u'-u'''}{2}}; \end{aligned}\right.$$

dont la seconde, analogue de la première, concerne les trois dernières observations, au lieu de concerner les trois premières.

Les systèmes (104) et (105), dont les seconds membres peuvent être ramenés à ne renfermer d'inconnu que P, Q, P''', Q''', équivalent aux systèmes (102) et (103) d'où l'on aurait éliminé p; et l'on aperçoit bien que ces systèmes (104) et (105) peuvent être résolus par approximations successives, la première approximation consistant à remplacer par l'unité tous les cosinus, aussi bien que les rapports $\frac{r}{r'}$, $\frac{r''}{r'}$, (01), (12), (23) : ce qui donne

$$\text{P} = \frac{\tau'' - \tau'}{\tau' - \tau}, \quad \text{P}''' = \frac{\tau''' - \tau''}{\tau'' - \tau'},$$

$$\text{Q} = k^2 (\tau' - \tau) (\tau'' - \tau'), \quad \text{Q}''' = k^2 (\tau'' - \tau') (\tau''' - \tau'').$$

84. Les valeurs numériques de P, Q, P''', Q''' une fois obtenues, on calcule celles de ζ, p, e, F, en reprenant les calculs indiqués aux numéros **79**, **80** et **81**. On connaît alors l'espèce de la courbe : en sorte que les formules de la troisième section, en déterminant t', font connaître l'époque du passage de l'astre au périhélie. Enfin, le calcul de i, Ω et Π s'effectue comme au numéro **72**. Le problème se trouve donc résolu d'une manière complète, et sans qu'on ait eu besoin de recourir aux latitudes géocentriques des positions extrêmes de l'astre.

Caen, imp. F. Le Blanc-Hardel.

www.ingramcontent.com/pod-product-compliance
Ingram Content Group UK Ltd.
Pitfield, Milton Keynes, MK11 3LW, UK
UKHW022132190726
13855UKWH00003B/1102